別輕易相信！

你必須知道的科學偽新聞

科學太重要，不能只留給科學家處理

黃俊儒◆著

Don't trust them

10 Mistakes in the Science News that You Must Reali

CONTENTS

序 1

科學新聞太重要，莫讓媒體亂處理

「科學太重要，不能只留給科學家處理」。本書作者說，就是這句話的效應，讓他起心動念，決定寫作本書。然而，拜讀此書之後的我，卻不禁油然而生：「科學新聞太重要，莫讓媒體亂處理」的憂思。

臺灣媒體之病徵，各界多有反思，不過，為媒體看病者主要仍從政治、社會以及軟性新聞的弊病入手，對於科學新聞做深入觀察者，縱非鳳毛麟角，亦屬稀有品種。科學新聞之所以沒有群醫會診的情形，或與科學新聞占媒體報導的比例不高，以及觀察此類新聞需要一定的科學素養有關。唯上述兩項原因縱可成立，亦不能成為我們「漠視」科學新聞的口實。

先就科學新聞的比例來說，臺灣媒體所報導的科學新聞確實有限，曾有報社開闢品質受到肯定的科學版面，但這幾年卻每況愈下，雖有媒體勉強維持「門面」，其內容卻將科學與考試掛勾，致使所謂的「專業科學記者」很有可能在臺灣的媒體生態中絕跡。至於電視裡的科學新聞同樣陷入奇觀式的選材泥淖，只要畫面新奇有趣或聳動，就是好的科學新聞。

依據本書作者研究，在商業主義與工作常規的驅動下，臺灣新聞媒體的科學新聞大部分都集中在「健康醫療」及「電腦資訊」兩類訊息，並且充滿政治化的色彩，許多應該被報導的科學新聞都遭到摒棄，許多被報導的科學新聞亦遭到扭曲，還常常製作「偽科學」新聞，諸如風水地理、占星卜卦、偏方療法以及靈異現象等等，個個說得煞有介事，卻渾忘新聞與綜藝之差異。如此嚴重的病徵，能不進行深入的觀察，找出其中的問題嗎？

至於科學新聞批判與科學素養間的關係，的確無可否認，但一如本書作者所言，現代科技的分化已使人隔行如隔山，光有某一領域的科學知識亦無法洞察科學新聞的問題，必得具備通識性的科學素養，加上對媒體本質及運作有所理解的媒體素養，方能掌握當前科學新聞的病理。因此，科學素養固然重要，但與特定領域的科學知識並無必然關聯，以科學知識不足為由，將科學新聞置於媒體觀察之外，不僅有降低科學新聞重要性之虞，更可能使新聞生態的改善留下偌大的缺口。

所幸，本書彌補了臺灣科學新聞系統性觀察的缺憾。作者黃俊儒兄為物理學出身，後鑽研科學教育，並擴及科學傳播、通識教育與流行文化等研究，不僅為年輕輩的優秀學術研究者，更參與推動臺灣的社會與教育改革。他在學術與實務上的實踐歷程，不僅是跨越學科藩籬的良證，亦為科學素養與媒體素養相互為用的最佳示範。如今俊儒兄基於他長期的關懷及十年來的研究成果，以紮實的學理為根據，用深入淺出的語法來分析臺灣科學新聞的「陷阱」，不只關心科學傳播的專業人士可以從中得到啓發，所有希望臺灣民主品質向上提升的公民，更可透過本書判讀科學訊息，讓自己更耳聰目明。

愛因斯坦有句名言：「只有兩樣事物是無限的，就是宇宙和人的愚昧，而我不能確定前者。」(Two things are infinite: the universe and human stupidity; and I'm not sure about the universe.)面對無垠的宇宙，相對渺小的人類一方面要知道自我的限制，以謙卑面對宇宙的奧妙；另一方面則應開闊自我的視野，勇於探索未知的世界。本書功用甚多，就消極面而言，至少可以讓我們少些愚昧了。

卓越新聞獎基金會董事長

胡元輝

序2 拒絕再玩偽科學媒體的信任遊戲

先説結論：我非常感謝黃俊儒老師願意將他對於科學新聞此一主題諸多縝密的批判觀察總結出版，因為這樣我以後看見糟糕的科學新聞以及毫無鑑定力的傳播者，就不再需要氣得冒火，只要推薦他們去看這本書就好了。（好啦，我知道很多人不喜歡這種開書單要人去看的討論方式。）

説來唐突，雖然我早在中正大學念研究所時，就認識當時在南華大學任教的黃老師，但卻是在我協助創立PanSci泛科學——一個以推廣科學素養為目標的知識社群網站——之後，才知道老師在科學新聞研究上的專業。那時的PanSci 剛成立兩個月，一切都還在摸索中，目標也還不明確。為了以行動破除無力感，我那陣子花很多時間做兩件事，第一就是大量地閱讀科學新聞，第二就是把這個其實對我來説很陌生的資訊流動方式搞清楚。也因此才看見黃老師發表於《中國時報》上針對科學報導弊病的評論。

雖然我從就讀研究所時就開始在個人部落格上寫媒體批評，但大多在政治類跟時論類別上頭轉，從未針對科學報導細究，一方面是文科生本能啓動，自動迴避，另一方面當然是因為我實在沒有足夠的知識水平。多年之後開始做科學傳播，我依舊沒有足夠的知識水平，但在主動探究之下，才初步發現臺灣科學報導的幾個現象跟問題：

第一：臺灣沒有科學記者

這個恐怖且不可思議的真空為何會發生在新聞媒體極為蓬勃的臺灣，老實說，還真不是三言兩語能說清楚的。黃俊儒老師在本書中提出說明，在此不贅述，但你可以先問問自己：你記得或知曉任何一個科學記者嗎？

第二：臺灣讀者很愛看科學新聞

當然，僅限於特別聳動跟可以拿來當做飯後閒聊八卦的類型，在社群媒體，如Plurk、Facebook在臺灣盛行之後更是如此，主要的原因是臺灣媒體在編譯後會把標題改得很刺激，忽略可能造成的因果錯置或誤連，當然也不會在乎原始研究的可信度。很多人連內文都沒看，火速轉推分享標題或大圖，足夠作為談資就行。

第三：臺灣有很多具有熱情的科學家跟科學傳播者

在主流媒體之外，早有許多科學家察覺臺灣的科學傳播環境日益敗壞，或是深受其害；又或是認為可以藉由寫作留下研究或教學紀錄，與更多人交流，因此在網路部落格文化普及之後，也投身於撰寫跟翻譯科學新聞。包括《科景 SciScape》、《科學影像 Scimage》、《認知與情緒新聞網》、《CASE Press》、《老葉的Miscellaneous999》、《營養共筆》、《dr.i》等等。這些部落格上的資訊都是由科學家撰寫或挑選翻譯，正確性高，而且提供原始資料出處，若有讀者網友回應總是即刻回應。這些網站的作法成為我設計PanSci泛科學時的重要參考，我也斗膽地邀請了許多科學部落客加入PanSci作者行列。

這三個發現讓我以及臺灣數位文化協會的同仁堅信一定要投身於科學傳

播，即使PanSci難以獲得資源青睞，也要繼續下去。三年多以來，PanSci雖然成長了很多，獲得一定的成績，但主流媒體中的科學報導，不論質還是量，卻無絲毫改善。到底問題出在哪裡？除了媒體結構以外，我認為臺灣閱聽人並不重視消息的正確性，對惡質報導跟媒體過於寬容，是讓這情況惡化的另一主因。

媒體中，科學新聞的錯誤糾察不完，許多錯誤根本用不著任何科學知識，只要稍微冷靜點、找找其他較具公信力媒體的相關報導，加以比對，就能揪出毛病。更困難一點的陷阱，如本書中所提到的諸多類型，要察覺也不一定得是科學家，只要記住兩個原則：第一、無可直接查證之消息來源，或消息來源無公信力之報導，不信，或是當做沒看見。再者，即使資訊看似可信，但盡量讓自己沉潛一下，觀察一番，不須立即反應。若有時間跟機會，可將略有疑問之處拋出來討論，例如到PanSci子站「天天問」。

過去三年多來，透過PanSci作者跟社群的實踐，有越來越多人已經能夠避免掉入科學新聞的陷阱，並且在其他人誤入陷阱的時候能伸出援手，但終究還是有限的少數。黃老師這本書以諸多耳熟能詳的案例為引，對科學新聞的產製邏輯有精確的分析，論述流暢、有趣、也深刻。我誠摯向所有關注科學傳播的朋友推薦這本書，也期盼每一位朋友再向外推薦，讓更多人了解目前情況之危殆，以及我們可以做出哪些努力。

最後，儘管悲觀，可以想像還會有諸多誤導的科學新聞陷阱持續出現在臺灣媒體上。對我來說，差勁的科學新聞雖有百害，但也有唯一的益處，那就是可以成為黃老師一篇篇佳文的題材。在此也希望黃老師能夠繼續針對這些現象加以針砭，並透過PanSci分享給更多人。

PanSci總編輯
鄭國威

序 3

報導真正的科學新聞

面對氣候變遷議題的興起，極端天氣事件明顯增多，我常承擔許多公眾科普的公益工作。其中最讓我感到困窘的就是接受媒體記者電話或電視訪問，最後成為新聞或電視訪問的內容，往往和我的本意有出入，無法完整表現我的意思。

我常不敢看我相關的報導或訪問，甚至怕被教過我的師長罵：「你是一個科學家，你怎麼會這樣說！」縱使我再努力，把科學轉化成淺顯易懂的新聞，許多記者不見得能理解我的意思，科學點和新聞點常常不相同，這也造成臺灣科學界和新聞界的代溝：媒體人認為科學家難搞，把簡單的東西複雜化；科學家認為媒體太過聳動，把複雜的東西過於簡單化。

後來我每天都得在廣播或電視播報氣象，發現我把一些科學內容，置入到每天幾分鐘的氣象內涵內，觀眾很喜歡，臺灣民眾不見得那麼抗拒科學。

本書強調高中分社會組和自然組之後，使臺灣的科學教育在高中畢業後就幾乎停滯，所以很多媒體記者或其主管，對於科學內涵仍停留在高中水準。科學新聞必須要簡單趣味化，但因此往往又失去真實，這實在令人惋惜。

很高興俊儒兄能夠把潘朵拉盒子打開，明確指出科學新聞的盲點，足以讓我們省思臺灣現有的媒體生態，該如何改進，尤其指出「能正確」、「能普及」、「能反思」是三個階段努力的方向，也就是報真導正。

科學的影響代表創新與創意，未來的發展將快速影響我們的生活。科學家們必須思考如何面對大眾並溝通，如何利用新的網路工具來和普羅大眾互動。科學家也是讀者，必須思考如何看待其專業以外的其他科學，不產生扞格。新聞人也必須與時俱進，科學新聞報導，不能只留給科學家處理，也不能被新聞人亂寫，如何強化培養更好的人力素質與溝通介面，這是必須認真思考的方向，本書正提供了許多值得參考的建議。

天氣風險公司總經理、大愛電視臺氣象主播
彭啓明

序 4 讓科學豐富你的生命

我常想，如果問一個學院的教授，是否有意願寫一本讓一般民眾都看得懂的科學普及讀物，很多答案應該是：「很想，但是很困難。」在這個時代的大學氛圍中，如果可以暫時拋下學院的教學、升等、研究等工作，直接與社會大眾對話，應該是一件讓人羨慕的事。就這一點而言，我覺得自己幸運極了。

這本書的發想，源自一段頗為久遠的歷程。在大學及研究所研讀的物理學，曾讓我驚嘆科學家對於大自然的高超描述手法，後來有機會鑽研科學教育，更讓我將科學的普及與推廣當作未來職志。之後的兵役歲月，雖然我沒有改變這個志願，但卻顛覆了我對於這件事情的看法。我發現似乎有不少人並不認為科學具有如此的吸引力，甚至科學還是他們這輩子亟欲逃脫的一件事。

當兵時期，我意外地與一群社會人文領域的佼佼者共同接受預官訓（政戰官科），這群人有的大學剛畢業已考上律師，有的研究所剛畢業已考上法官，優秀得不得了，我預期不久的將來，就會有我的「軍中同梯」站上臺灣的政治檯面。當時，可能是職業病，也可能是受訓過程中的枯燥使然，我不時找機會跟這群傑出的軍中袍澤聊聊他們對於科技進展的看法。例如，在等待打靶時問問鄰兵：「你對最近複製科技的進展有什麼看法？」躲在野戰壕溝時問問：「你覺得核電廠安不安全？」打菜洗碗盤時問：「你擔不擔心食品安全及化學殘留？」想不到這個戰地的田野調查過程，竟然顛覆了我對於傳統科學教育的許多想像。

結論是：這群弟兄都很優秀，但我卻很難在他們身上找到科學教育留下的痕跡。如果他們未來需要幫大家分配科技預算、擬定科技政策、扶植科技產業、那該怎麼辦呢？回頭看看我們的政府官員、民意代表，我擔憂的這些事情，事實上都是進行式。到底科學教育出了什麼問題，讓這些優秀的頭腦遠離了科學？

顯然地，「考試領導教學」的魔咒讓許多人在求學過程中對科學倒盡胃口，或只把科學當作工具使用，於是科學遠離了生活，而且無助於豐富生命。於是我心想，如果可以透過每天接觸的媒體與新聞重啓大家與科學的對話，一定可以有效改變這個現狀，因為它最直接、最方便、最即時。

原本一個簡單的發想，一投入就是十幾年的學術探索，愈是深入發掘愈是發現，媒體呈現的科學不僅大有學問，也大有問題，市面上四處充斥的科學偽新聞，就像黑心食品一樣，必須有人為社會大眾一一揭發。

臺灣是一個承載許多高耗能產業的小島，而全人類正面臨許多急速變遷的全球性科技議題。這些事情都跟科學脫不了關係，我們需要更多願意閱讀科學、理解科學、反思科學，並進一步參與科學的民眾。我常常勉勵學生們，在這個時代中，你不能企盼媒體老闆同時也是教育家或慈善家，當有人為爭取更好的媒體環境或媒體政策而奮戰時，也需要有人願意努力地讓自己變成有科學素養與媒體素養的公民，否則我們只能停在「XX能，為什麼我們不能」這類的句型上練習造句，或永遠望著新聞中光怪陸離的「英國研究」乾瞪眼。

這一本書，集結我十幾年來許多學術研究及教學心得，期待它可以帶領民眾揭穿更多科學偽新聞，共同為臺灣構築一個更理智與清明的公民社會。

黃俊儒

前言

新聞不會告訴你的科學二三事

在我小時候，多數人生活條件不是很好，物資十分缺乏，周遭許多人是農夫，每天辛苦耕作，但是卻連養活自己都有困難；近幾年發現，身邊務農的人變少了，可是物資反而變豐富，水果五花八門，超級市場裡面的東西應有盡有。

令我納悶的是：**為何耕作的人越少，生活物資卻越豐富呢？**

這種情形一方面拜國際貿易之賜，讓我們得以嘗遍全世界不同地區的食物及特產，但是真正影響食物質變與量變的主因，恐怕還是「食物生產方式」的改變。舉例來說，在我深入了解「黑心食品」之後，赫然發現我們能夠吃到過去只有貴族能吃到的白麵包、彩色糖果，有大部分是現代化學家的貢獻，包括我們現在使用的廚具、器皿、農藥、化肥等，都大大改善了人類生活資源短缺的問題，其他如色素、調味料、人工添加劑等，除了讓我們有得吃，還能吃得有趣味，這些也是化學家的傑作。

當這些「化學產品」被使用到出神入化的境界時，不知道是哪一個天才想到將塑化劑加進奶粉中，以提高蛋白質的檢測值，賣個好價錢；也不知道是哪個更超級的天才，將瘦肉精放進動物飼料裡，讓小豬的瘦肉比例多一點，以提高瘦肉的產量。

代代有賢人，在這種鼓勵創意開發的年代，之後可能再出現什麼樣的超級超級天才，必然可期。記得在一場學術研討會，某位教授突然語出驚人地說，他不敢喝剛剛大會提供的「三合一咖啡」，因為根據瞭解內情的好朋友告訴他，三合一咖啡既沒有咖啡、沒有牛奶、也沒有糖，裡面只是一堆香精、添加物及代糖。

這些例子都是我們日常生活中常見的狀況，不過讓人沮喪的是「科學課本」都沒有教這些東西！生活周遭與科學、科技相關的事務繁多，更精確地講，現代社會已經很少有東西跟科學無關了。但由於「科學」總是給人一種「門檻很高」、「不容易懂」的感覺，導致這些科學或科技發展對於生活所產

科學二三事

塑化劑是塑膠製品成型時的化學添加物，由於價格便宜，臺灣有不肖業者以塑化劑取代棕櫚油製成起雲劑，增加食物賣相並延長保存期限。塑化劑不是合法的食品添加物，因此爆發一連串食安問題。

生的質變，不管是好或壞，通常只能透過媒體幫我們「傳話」或「解釋」來瞭解。

如果媒體好、品質佳，我們可以學到最新的科學知識及科技進展，瞭解科學家對於人類的貢獻，甚至共同防範科學對於環境所造成的負面影響；但是，如果媒體不好、新聞品質不佳，那麼後果還真不堪設想。

科學，干媒體什麼事？

隨著科學發展規模日益龐大，科學影響媒體報導的內容，而媒體也反過頭來影響科學的發展。義大利曾發生一個經典案例，正好可以說明媒體與科學間的複雜關係。

二〇一二年義大利出現一項震撼全球科學界的判決，有六位地震科學家及一名政府官員，因為二〇〇九年未事先對發生於義大利拉奎拉市傷亡慘重的大地震提出明確的警告，被依過失殺人罪判處六年徒刑，並被要求支付九百多萬歐元（約臺幣三億四千萬元）的賠償金。

此項判決一出，引起全世界科學家一片譁然。國內媒體亦轉載了相關新聞，口徑一致地報導歐美科學家同聲譴責這項荒謬的審判。此外，多數媒體也訪問了國內的一些知名科學家，討論這件判例是否可能引起科學界的寒蟬效應。如果科學家預測地震不準就會鋃鐺入獄，那麼未來臺灣氣象專家若預測颱風動向失準，不也就前途堪憂了嗎？從媒體這一系列的報導內容來看，似乎在批判義大利法院缺乏對於科學「不確定性」的瞭解，就跋扈地對科學家判刑。

還原整起事件的背景，在二〇〇九年初，拉奎拉城接連發生多起輕微的地震，當時有一位實驗室的技術人員，根據地面一種放射性氣體（氡氣）的排放量監測，自行預測將有大地震發生，而這個預警引發當地居民的恐慌，因此義大利民防局委託地震科學專家前往調查，希望能夠安撫當地居民的心情。

於是，幾位科學家組成了一組調查團前往當地調查，他們在簡單的會議之後，認為放射性氣體的釋放並無相關的地震科學依據，因此很快速地決議，認為相關微震只是地殼能量的正常釋放，並召開記者會對外說明。在這記者會的過程中，科學家們不發一語（他們或許覺得這根本就沒什麼好說的），而全交由一位民防局的官員代為發言。

依據國外報導，該名官員急著表現出「事情不會那麼嚴重」的態度，現場記者提問：「那我們究竟應該坐在家享用一杯酒，還是要繼續擔心地震呢？」這位官員竟把自己當作酒吧服務生一樣，輕浮地回答：「當然，當然，而且要喝Montepulciano doc[註1]，這很重要！」

隔天許多報紙的新聞標題就變成：「科學家要大家放心在家喝紅酒！」

不料上天硬是和這些科學家開了一個大玩笑，六天之後當地發生了芮氏規模六．三的強震，造成了重大的傷亡，也因此引發軒然大波。

後來在部分專業媒體的深度討論中，包括ＢＢＣ[註2]及Scientific American[註3]等都認為，義大利法庭這項判決要譴責的並不是「科學家無法精確地預測地震」，而是「科學家拙劣的科學溝通技巧」，也就是他們對於「科學溝通」的冷漠及敷衍。

這是一個典型的科學、媒體及社會交互影響的案例，牽涉的不只是科學知識的問題，還包括媒體在整個過程「參一腳」。在這個案例中，記者當時的提問具有引導作用，就像設了一個語意上的陷阱來誘導這些專家。結果，急著粉飾太平的官員很配合地跳進陷阱中，加上科學家的被動與拙於言詞，後續再有媒體大肆渲染及報導，共同造就了這齣荒謬的科學肥皂劇。

媒體先是參與整起事件的「形成過程」，然後又參與後續的「傳播過程」。不論是第一階段的「形成」，或是第二階段的「傳播」，可以確定的是，科技問題沒有辦法與「媒體」脫勾，而且「媒體」絕對足以左右整起科技事件的脈絡及發展。

這個案例在最極端的狀況下，說明了科學與媒體可能發生的互動關係，事實上，許多沒有那麼極端的例子早就已經發生，而且一步步滲透到我們的生活中。請你想像一下：

1. 如果有一間藥廠想要推銷新研發的一種新藥，它會不會想要透過與媒體的串連，有形及無形地行銷這件不一定是民眾必要的產品？
2. 如果有一個財團想要進軍綠色能源產業，它可不可能在媒體中刻意渲染「全球暖化」，製造某種恐慌性消費，以成就這個新產業？
3. 如果有一位整型醫師想要藉由一項新型美容技術大撈一筆，他可不可能透過媒體的包裝來推銷新的美感指標，趁機掏光你的荷包？

4. 如果政府或公部門想要保障某種特定的發電方式，它可不可能與媒體聯手，製造能源短缺、電價上漲的煙霧彈？

以上都是不指名的臆測，但之所以不指名，常因為它們都是正在發生的進行式，從個人、社會到世界的各種層次，科學正透過媒體長驅直入到我們的生活，美好的事情很多，但是糟糕的卻也不少。

誰在報導科學新聞給我們看？

臺灣有非常多優秀的媒體工作人員，長期關心這片土地的許多議題。但我們也不得不承認，科學與科技永遠是最被忽略的一環。

我們的教育體制早早就把學生分流成「社會組」及「自然組」，而最有機會從事新聞相關工作的是廣義的「社會組」同學。雖然這群同學資質優異者眾，但是不可諱言，自然科學課本可能是最早被他們「封印」起來的教科書。尤其在我們以升學掛帥的教育體制上，「科學學習」對於多數人而言，恐怕不是太愉快的經驗。那麼我們如何期待，這樣的一群媒體從業儲備人員在真正進入職場之後，能為我們引介什麼像樣的科學？

曾經有資深的科學新聞記者指出，媒體的主事者多是「政治性的動物」。言下之意，臺灣媒體最熱衷於政治議題的追逐，而「科學新聞」在整體結構上絕對是冷門中的冷門。

這情況體現在新聞工作的實務上，就是剛入門的「新聞菜鳥」常常會被指派去跑「科技線」及「教育線」當作練習——也就是國科會、農委會、中研院及教育部等相關行政部門——這裡面正涵蓋了科學新聞的範疇。如果這位小菜鳥表現得宜，值得栽培，就有機會被「升任」去跑社會新聞或政治新聞。所以「科學新聞」在臺灣的各大媒體中，常常是一個練兵的地方，只是聊備一格，其被認定的「重要性」可想而知。無怪乎過去許多研究指出，臺灣的科學新聞報導，有時候寫得跟政治新聞很像，泛政治化問題[註4]的痕跡隨處可見，總是科學一點點而政治一大堆。

因為有這樣的背景，導致這些記者如果需要自己採訪或書寫一則科學新聞時，在類型的挑選上會有明顯的偏頗，太難或太專精的主題不容易受到青睞，而多以日常生活相關的議題為主。例如，「健康醫療」及「電腦資訊」兩種類型的科學新聞就占了一半左右[註5]，其他類型的科學新聞則少得可憐。

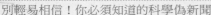

「健康醫療」類的新聞多，那是可以理解的，因為世界各國都一樣，與民眾自身風險及利益相關的科學新聞特別引人關注。但是除此之外，國內新聞熱衷於報導各種3C商品，甚至新的手機或電腦軟體上市就花費眾多篇幅報導，這在世界各國的新聞中是絕無僅有的事。其他國家的媒體，應該不會這麼心甘情願為某些特定的廠商進行幾乎是「置入性行銷」式的報導。

此外，雖然半導體產業是臺灣重要的經濟命脈，但是相關的科學報導卻十分稀有，如果有的話，多數出現在財經新聞的版面，所以「半導體為什麼稱作半導體」，可以精確描述的人恐怕不多，但是可以把半導體連結到「新臺幣」的人卻肯定不少，這也算是臺灣科普教育的一項另類奇蹟。

說白話一點，多數新聞不過是「科學產品促銷」的相關報導罷了，對於比較先進、高品質的「科學上游」議題報導，則顯得十分貧乏。對於當地科學家的工作成果，著墨亦十分有限，甚至許多本土科學家的傑出貢獻，最後都得透過「出口轉內銷」[註6]的方式，才有機會讓臺灣的民眾接觸與瞭解。**如果我們那麼不容易看見自己國家科學家的貢獻，下一代又如何在科學學習的過程中找到效法的典範，並將從事科學相關工作當作是一種榮耀呢？**

科學二三事

置入性行銷是指刻意將欲行銷之事物以巧妙的手法置入媒體，以期藉由媒體的曝光來達成廣告效果。行銷事物和媒體本身不一定相關，一般閱聽人也不一定能察覺此行銷手段。

目前臺灣這種科學新聞報導的概況，不管在人才、議題上都呈現明顯的失衡。如果科學是人類文明累積的一份大餐，臺灣的媒體大廚肯定是讓我們嚴重偏食了，如果這種偏食慢慢地演變成厭食，問題就更難收拾。

為什麼又是「英國研究」？

除了我們記者自己生產的科學新聞之外，其實還有一大部分的科學新聞需要仰賴「國外進口」。例如，翻譯自國外的媒體或是通訊社。這種類型的科學新聞以科技新知為主，是大多數人想像中真正的科學新聞，有許多類似「根據最新研究」、「科學家最新研究指出」、「臨床實驗證明」之類的用詞，看起來很專業。

在許多不同的先進國家中，有美國、德國、日本、法國等，一定有許多人發現臺灣編譯的科學新聞獨鍾「英國研究」，這是另一個專屬於臺灣的特殊現象。

雖然在網路時代中，年輕的世代開始透過這些資訊管道幫忙大家引介科學新知，例如，由臺大學生所組織的「科景」（Sciscape）網站註7，或是近年

科學二三事

一般材料可分為絕緣體與導體，而**半導體**的導電性剛好介於絕緣體與導體之間，透過適量地加入一些可減小能量障礙的元素（如硼或磷），可以控制材料的導電性，以方便在電子元件上的各種應用。

來十分活躍的「泛科學」（PanSci）網站[註8]，都在「正確」及「最新」的前提下，將許多科學新知引介給普羅大眾。但是不諱言的，傳統的主流媒體（不論是紙媒或電視）還是扮演最主要的新聞發布及議題引導的角色。我們可以發現，常常早上在報紙刊出的新聞，到了晚上就會被拍成有畫面的電視新聞。電視抄報紙、抄雜誌，這是臺灣現行媒體環境中的常態，而這些被製造出來訊息也會進一步在網路中被轉載及流傳，雖然現在會花錢買報紙的人已經不多了，但是報紙仍然扮演影響輿論方向的主要力量。

在傳統的媒體組織中，常常由一個名為「國際新聞中心」的單位來負責相關國際新聞的編譯，科學新聞當然是其中的一種新聞類型。全世界每天的科學新聞何其浩瀚，媒體中的「國際新聞中心」如何幫我們撈出這些科學訊息呢？而這些篩選後的訊息，某種程度就影響了我們多數人接觸的科技新知。

由於科學新聞是十分專業，而且知識含量與門檻相對較高的新聞類型，那麼國際新聞中心的成員會如何看待這樣的新聞呢？如果你是報社老闆，在資源有限的考量之下，要雇用一位在國際新聞中心工作的人員，「外語能力佳」、「文筆好」絕對是主要的考量。然而，在臺灣的教育體制下，這樣的人才很少又同時具備完整的科學知識背景及訓練（國際新聞中心這樣的單位少有具備理工背景的工作人員）。在這樣的情況下，一位編譯記者每天打開電腦，看見許多外電出現在資料庫中，你覺得他會優先選擇什麼類型的科學新聞進行編譯呢？

依據相關的研究統計指出[註9]，編譯的科學新聞大部分集中在「健康醫療」及「電腦資訊」類的訊息，與國內科學新聞所側重的主題並無太大差別。尤其是當某些尖端科學研究的科學知識密度太大時，一般的編譯記者當然會捨棄艱深的科學報導，轉向一些比較軟性、與生活相關，甚至是較具娛樂屬性的科學新聞。

在媒體國際新聞中心服務很久的資深記者私下對我表示，國內國際新聞的主管常常偏好某些英國小報的報導，反而不太在意是否漏掉《紐約時報》（*New York Time*）、《衛報》（*The Guardian*）或《華盛頓郵報》（*The Washington Post*）等重要的國外質報新聞，因為這些「英國小報」的科學新聞寫法非常「平易近人」，幾乎是婦孺都能理解，尤其對於缺乏自然科學知識與訓練的國際新聞編譯工作者而言，比較不容易產生「有字天書」的恐懼

科學二三事

質報是指以較為深刻、嚴肅的寫作方式，對事件進行深入探討，擅長處理硬性新聞，並以公正客觀與公共服務為目的進行新聞編輯，對八卦新聞則較少刊載，例如《紐約時報》、《英國電訊報》等是其中的代表。

感。而且這類型報紙的科學新聞取材比較生活化，往往附有圖片，很好運用。

但是這種源自八卦小報的科學新聞「品質」就讓人不敢恭維了，比較負責任的編譯人員，甚至需要另外費工夫查證及核對一些離譜的錯誤；至於比較不負責任的，當然就承襲也助長了這些錯誤的傳播。

這些狀況背後聯繫著一個根深蒂固的原因，就是英國歷史悠久而且規模也傲視全球的八卦小報（tabloid）文化傳統。有人認為八卦小報盛行的原因是英國社會的禮教壓抑太沉重，階級森嚴，因此人與人之間隔著較重的藩籬，而八卦小報正好讓一般民眾從窺探名人的隱私中，開啟一扇透氣的窗口。

這種路線不偏不倚地對上了臺灣社會的胃口，因此，一堆似是而非的「英國研究」報導充斥市面，造就了臺灣科學編譯新聞的另一種亂象，甚至讓我們誤以為全世界只有英國科學家致力於研究。

科學是一個很長的故事

體制內的科學教育常常淪為升學與考試的工具，也導致許多人在學習科學的過程中充滿挫折，甚至是許多人在聯考後第一個被摒棄的科目。因此對於大部分人來說，「科學」的樣貌較少來自於自身直接的經驗或是過去的教育累積，倒比較像他們在媒體中所看到的——是透過新聞從業人員的語言及想像所間接勾勒的樣貌。

科學傳播研究所常有一種說法：「**科學是一個很長的故事，但是新聞在意的卻僅是快門的一瞬間**」。

新聞中的科學雖然有其重要性，但是由於「科學」與「新聞」之間存在許多根本的不同，導致在科學新聞編輯的過程中存在著現實上的難度。在本書中，將這個困難區分成「生產過程」及「知識特質」上的兩種類型難題。

「生產過程」的難題指的是——在科學新聞的編採過程中，因為產業結構的屬性所引發的困難。例如，國內科學記者由於多是人文學科出身，所以科學素養不足，但是理工背景出身的科技記者卻又容易犯下寫稿太專、太容易接受科學家的觀點等問題[註10]。因此長期以來，每天的報紙、廣播、電視、雜誌上出現的科學報導品質，常常被科學家或是傳播研究者所詬病。有學者就認為「**忽略科學事實**」、「**側重非科學性報導**」、「**泛政治化**」、「**缺乏科技內容**」**是科學新聞報導受批評的主要因素**[註11]。

科學家與記者是兩種不同的專業領域，原本就存在著許多文化差異。例如，科學家首要關心的可能是如何精確呈現數據，但是媒體記者可能認為如何說出一個動人的故事比較重要。當這兩種需求及價值之間發生了衝突，就必須有所取捨，如果這個取捨發生偏誤，報導品質必然受到影響，而成為科學新聞生產上的難題。

另一種「知識特質」的難題指的則是——「科學知識」與「媒體知識」在本質上所具有的根本差異。例如，有科學哲學家分析過「天文學」（astronomy）與「占星術」（astrology）的差別在於：如果預測一百次，但是錯了其中一次，人們會記得「錯的那一次」，這個過程就是天文學；如果預測一百次，但是對了其中一次，人們卻記得「對的那一次」，這個過程就是占星術。

這種差別說明，科學的過程牽涉許多精細的計算及反覆的驗證，如果要詳細交代這些過程，少不了說明篇幅，但是在媒體有限的版面及讀者有限的耐心下，往往容不下科學家鉅細靡遺的長篇大論。有些科學家窮盡一生，可能就是繁複的科學過程再往前一兩步，或是把某個科學的數值再往小數點推

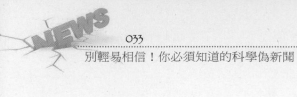

科學新聞的編輯困難

類型	解釋
生產過程的困難	在科學新聞的編採過程中，因爲產業結構的屬性所引發的困難。
知識特質的困難	「科學知識」與「媒體知識」在本質上所具有的根本差異。

進一兩位，這樣的貢獻恐怕很難在媒體的語言中被交代清楚。透過媒體去呈現某一種科學新知或進展，難度特別高，很容易就成為科學新聞生產上的難題。

這兩種科學新聞報導上的難題，導致了科學新聞製作的困難，如果再加上媒體投入的成本不高、編輯作業不嚴謹，許多科學新聞就令人不忍卒睹了。

本書在往後的章節中，會分別將這些最容易出現的科學新聞報導錯誤歸納成十個最主要的類型：

十個科學新聞錯誤報導的類型

1. 理論錯誤
2. 關係錯置
3. 不懂保留
4. 多重災難
5. 忽冷忽熱
6. 忽略過程
7. 便宜行事
8. 官商互惠
9. 名不符實
10. 戲劇效果

「科學」與我們息息相關，想要擺脫也擺脫不了。在我們過去的教育中，總是輕易地以為只要擁有好的科學素養，我們就可以慎思明辨、培養出理性智慧，但是現在的科技社會比我們想像中要複雜許多，變化也快速許多。科學不再只是一個簡單的商品，可以讓媒體的貨車隨意地載進載出，有時科學需要媒體宣傳推廣，有時媒體需要科學來妝點門面，當兩者交互作用時，恐怕就得一併考慮「科學素養」和「媒體素養」，否則很容易僅看見事件的片面。例如，當我們看見某一種新型藥物的新聞報導時，當然可以憑著相關藥理知識或化學原理來檢視其合理性，但是如果我們發覺這原來只不過是一則藥廠的「置入性行銷」，相信思考的方向及線索就會改變許多。

在這個時代中，每一個科學事件都像是一顆被媒體語言及科學語言層層包裹的洋蔥，透過本書「十個科學新聞錯誤報導類型」的解說，讓我們開始將這一顆顆神祕的洋蔥一層一層扒開吧！

新聞放大鏡

1. 為何耕作的人越少，生活物資卻越豐富呢？
2. 如果我們不容易看見自己國家科學家的貢獻，下一代又如何在科學學習的過程中找到效法的典範，並將從事科學相關工作當作是一種榮耀呢？

註釋：

註1：Montepulciano doc，當地一種紅酒的名稱；詳參：http://ppt.cc/R6l0

註2：詳參BBC的報導：http://www.bbc.co.uk/news/magazine-20097554

註3：詳參Scientific American的報導：http://ppt.cc/aMxw

註4：詳參謝瀛春（2005）：〈資訊時代的科學傳播〉，馮建三（編），《自反縮不縮？新聞系七十年》（187-205）。臺北：政大新聞系。

韓尚平(1990)：〈臺灣科技新聞報導的現況及問題〉，《科學月刊》，21(8)，617-620。

黃俊儒、簡妙如（2010）：〈在科學與媒體的接壤中所開展之科學傳播研究：從科技社會公民的角色及需求出發〉，《新聞學研究》，105，127-166。

註5：詳參黃俊儒、簡妙如（2006）：〈科學新聞文本的論述層次及結構分布：構思另個科學傳播的起點〉，《新聞學研究》，86，135-170。

註6：國內科學家對於科學的貢獻或成就，經常在國內乏人問津。如果有的話，有許多是因為國外媒體的披露之後才引起國內注意，因此形成一種「透過『進口』科學新聞來瞭解『國內』科學家貢獻」的怪現象。

註7：科景（Sciscape）網站：http://sciscape2.org/

註8：泛科學（PanSci）網站：http://pansci.tw/

註9：詳參黃俊儒、簡妙如（2006）：〈科學新聞文本的論述層次及結構分布：構思另個科學傳播的起點〉，《新聞學研究》，86，135-170。

註10：詳參韓尚平(1990)：〈臺灣科技新聞報導的現況及問題〉，《科學月刊》，21(8)，617-620。

註11：詳參謝瀛春(1992)：〈全國科技會議新聞之分析〉，《新聞學研究》，46，131-147。

NEWS

Chapter 1

蛤？三秒內讓高鐵緊急煞車？

——理論錯誤的科學新聞

三秒內讓高鐵緊急煞車？

二〇〇六年，當臺灣高鐵進行一系列的測試並準備通車時，有天《聯合報》刊登一則新聞，標題為「高鐵模擬地震五公里才煞住」。這一則新聞的內文提及，因為我們的高鐵設計採用歐洲設計的規範，所以「……地震發生時，軌道上的偵測器會先透過列車將訊息傳回行控中心，等行控中心人員確認後再發出應變指令……」，不像日本新幹線的標準：「……地震一發生，行車電腦就應自動下達煞車指令，並於三秒鐘內讓車子完全停下來……」。

以那天的地震演習為例，當時車速三百公里、震度六級，臺灣高鐵列車持續行駛近五公里才完全停住。報導中也特別指出，履勘委員認為若照這種運作方式，一旦發生地震，我們真的會應變不及。

報導一出，當天晚上的各節電視新聞就開始聚焦在臺灣高鐵安全性的問題上。大部分相關報導幾乎全盤接受這一篇新聞的觀點，依樣畫葫蘆，直指高鐵在煞車系統上大幅落後日本。

事實上，當時的社會氣氛，由於政黨對立，不同政治立場的媒體對這樣的一則科技事件有全然不同的監督觀點。有的媒體褒揚高鐵的舒適、快捷及安全，有的媒體則以顯微鏡的尺度，檢視高鐵的每一個環節及演進。當遇見此次與國外比較上的大幅落差，對於部分想對高鐵「強力監督」的媒體不免見獵心喜。只可惜，這看似善盡媒體職責、監督重大公共建設議題的報導，卻犯下明顯的科學理論錯誤。

試想，有幾位年輕朋友相約騎摩托車出遊，車子一台接一台地跟行，此時，如果領頭的車突然遇見特殊狀況而緊急煞車，那麼整個車隊會發生什麼事呢？這個過程其實不難想像，就是跟在後面的車子會來不及煞車而撞上前車；後面的乘客如果抱得不夠緊，可能會飛出車子；第一輛車子如果煞得太急促，有可能會因為撇輪而發生「犁田」現象。上述情況，不必驚動到大家國中物理課所學到的「牛頓三大運動定律」，約略就可以想像。

將時速八十公里的摩托車速度換成時速三百公里的高鐵，如此緊急煞車，會發生什麼事情呢？裡面的乘客應該會承受約「-2.83G」的巨大衝擊力量，結果將十分慘烈。例如，乘客因沒有繫上類似雲霄飛車的固定式安全帶，會四處飛拋，傷亡慘重；而後面的車廂也會追撞前面的列車，而且車廂龐大質量所產生的巨大摩擦力，說不定會熔化鋼軌與車輪。

網友消遣這一則報導，指出如果有一天日本新幹線真的遇見這樣的地震事故，隔天報紙的標題應該是這樣寫的：「日本新幹線遇到七級強震，在三秒內完全停止行駛，阻止了最大的傷亡產生，但是很遺憾的車內乘客還是全部死光。」[註1]。甚至有網友說，如果日本發生這樣的事故，大概只有請到「鹹蛋超人」才有辦法讓整列火車平安順利地煞車。

這一則超乎科學常理的報導，隔天就被眼尖的鐵道迷在另一個政治立場迥異的報紙踢爆[註2]，隔天《聯合報》只好做出了一篇不太像是更正的更正報導，題為：「地震來了新幹線三秒煞車『違反原理』」，指出前一天的錯誤報導其實是因為「有工程人員指出」。言下之意是因為工程人員誤導，才導致如此離譜的報導產生。

但是如果檢視前一天的新聞，其實報導並未引述任何一個消息來源，口吻上彷彿新幹線的神奇是舉世皆知的。這種「篤定」的口吻，不就是許多科技報導中，我們常常看見的嗎？我們可以想像這種帶有權威性的口氣，竟然包藏如此荒謬的科學內涵嗎？

平面媒體的報導錯誤還只是一部分，當晚許多電子媒體都引述了《聯合報》的報導。一時間，只見眾家記者口沫橫飛地訴說高鐵如何落後日本新幹線、地震測試安全如何堪慮。甚至在隔天《聯合報》做出有點取巧的「另類澄清」之後，部分電視媒體仍然未見更正，持續針對這個議題窮追猛打，甚至混淆視聽。

科學新聞會怎麼錯？

科學新聞的錯誤報導，**第一種是最常見的「科學理論錯誤」**。

過去就曾發生過電視媒體記者為了應付電視台的業務，逼不得已自己下海「製造」一則高鐵新聞，於是我們看見一名記者親自在高鐵的車廂上進行「科學實驗」。做實驗ㄟ！這可是許多科學家看了都會感動到掉眼淚的畫面。

只見記者為了證明高鐵車廂搖晃得很厲害，將一杯熱咖啡放在高鐵車廂椅背的餐托上，然後加進一顆奶油球，搭配著奶油在熱咖啡中擴散開來的畫面，記者以驚訝而略帶興奮的口吻說明：「高鐵搖晃的程度，奶油都不需要攪拌棒就可以均勻地散布在咖啡中。」

科學新聞報導，最常見的三種訊息錯誤

1 「科學理論錯誤」。

2 「資料引用或詮釋錯誤」。

3 「名詞翻譯錯誤或誤植」。

但如果記者願意將這一杯咖啡帶到速食店，同樣加一顆奶油球，不用攪拌棒，時間到了，它還是會均勻地散布在咖啡中。這是最基本的擴散原理，我這只能說，這位記者可能被業績給壓垮了。

再例如，二〇〇三年時，臺灣大學發布地震的相關統計資料，透過臺灣百年大地震的頻率，預估平均約十年到二十年會有比較大規模的地震發生。結果記者就取裡面的十年，再減去一九九九年到二〇〇三年所經過的四年，

得到了「再過六年，921可能會重演」註3的推論。

這樣的報導，誤解了統計數據的預估性質，並且取了其中最極端的數值，以及最極端的標題來進行相關報導，不只誤解科學家的研究資料，並且造成社會恐慌。

第二種是「資料引用或詮釋錯誤」。

現代網路科技如此發達，許多記者在寫稿時，為圖方便，常常沒有到現場去實地採訪新聞，只在網路上衝浪搜尋，就找到許多有意思的科學訊息。但是記者要能精確判斷消息來源的風險，如果誤信了錯誤的消息來源，結果就貽笑大方了。

以二〇〇三年臺灣在SARS期間，一則TVBS－N「新聞最前線」的報導為例，標題為「〈獨家〉電子顯微透視真相　N95罩不住病毒」。報導描述了N95口罩在電子顯微鏡下被放大一千倍的照片，並訪問了生物學博士，聲稱在電子顯微鏡下清楚看見含有病毒的飛沫，輕易穿透N95口罩的纖維。最後專家得到的結論是，防止SARS病毒入侵，口罩絕不是唯一的保命符。這一篇報導立即引起了軒然大波。直到有學者分別從電子顯微鏡的拍照原理，以及N95口罩的構造上來進行深度解析[註4]，才駁斥了這樣的說法，讓當時的社會氣氛稍加穩定。

有時候媒體記者因為要製造新聞高潮，所以將狀況形容得比較嚴重，尤其面對某些意外狀況時，不免過度詮釋。例如，曾有電視新聞在描述某件意外時，報導婦女哭到癱軟在地，是一種「罕見醫療病例」[註5]，其實這是「換氣過度症候群」的症狀。

又如一年聖誕節，一則新聞提到日本三重縣有一間水族館，用一隻電鰻來發電。電鰻最大可以發出八百瓦的電力，透過這個方式，水族館外的聖誕燈就可以亮起來。結果這一則新聞的結論是：「這樣的發電方式，還真是天然又環保呢！」[註6]。事實上電鰻確實可以發電，瞬間電量也確實可以達到八百瓦電力，但是電鰻如果要發電，常常是在受到驚嚇、危急或覓食時才會發生，而且不能持續發電，這樣的發電方式，真的可以得到「天然又環保」的效果嗎？

第三種是「名詞翻譯錯誤或誤植」。

有媒體朋友曾反應自己報社的編譯記者因為不具備科學知識的背景，結

科學二三事

換氣過度症候群一般是指人體單位時間內換氣次數超過正常生理代謝所需，造成血液中生化成分改變，引發情緒波動、焦慮不安、呼吸加深加快、胸悶等症狀，並非罕見醫療病例。

果在編譯的過程中將生物學裡面常使用的受精卵（fertilized egg）一詞，依據字面上的字意翻譯成「受精的雞蛋」。也曾經有研究恐龍的古生物專家抱怨，明明自己對記者重複說了好多遍恐龍滅絕於六千五百萬年前，但是最後刊登出來卻是六萬五千年前[註7]，一差就差了一千倍。對於記者而言，反正就是「很久以前」；但是對於研究的專家學者而言，那可是無法承受之重啊！

科學新聞怎麼會錯？

前面這些科學新聞「琳瑯滿目」的錯誤方式，除了讓人瞭解「科學新聞會這麼錯」之外，追根究柢還要進一步懷疑「科學新聞怎麼會錯」。科學不就是客觀數據的展現，新聞的工作不就是把這些客觀數據或產品經由各種媒體的管道傳播給大家而已嗎？

具有科學背景的記者占少數，當然是造成科學新聞出錯的主要原因之一，但是，長期以來臺灣媒體以「政治」掛帥，忽略科學及科技知識的內涵，導致投資成本過低、編輯流程粗糙，仍是主要的原因。用如此低廉的成本來處理複雜及龐大的科學，幾乎是「不可能的任務」，出錯也是在所難免。

國內新聞從業人員的培育過程，幾乎不太鼓勵理工背景人員投入，這當然可以回溯自教育體制「人才分流過早」。在現代社會中所發生的問題，其實很少與科學及科技無關，但是我們習慣用新聞系、傳播系的學生來擔任新聞從業人員的角色；或者社會系、政治系、哲學系的學生也還算相關；但是出身自物理系、化學系、機械系、電機系的學生顯然比較少見了；如果是來自醫學系、音樂系、餐飲系等專業屬性更明顯的科系的學生，那更是鳳毛麟角。

問題是，科技社會中發生的問題與哪一個科系相關呢？或者與哪一個科系無關呢？上述原因導致記者難以面對科學相關的新聞議題，科學新聞的公信力因此大受挑戰。

如果看看國外的例子，例如，《紐約時報》就有十分專業的科技版（Science and Technology），主題包羅萬象，並且取材、考據嚴謹。反觀臺灣，過去的平面媒體還願意經營科學版面。例如，以前《中國時報》的「時報科學版」或「科學與人文」版面，都十分叫好叫座，所培養的科學記者更是專業而令人敬重。但是這幾年報社老闆不願意花經費來養一個像樣的「科學版」，除了有部分媒體硬是將科學與考試掛勾來勉強維護的科學版面之外（例如，《聯合報》的「媒體中的科學」），專業的科學新聞真是乏人問津，甚至連所謂的「專業科學記者」都可能在臺灣的媒體生態中絕跡。

看看英國的「科學媒體中心」（Science Media Centre, SMC），它是像新聞通訊社的單位，但卻是一個由各方募款來支撐的非營利組織，成立宗旨是希望能夠將「正確」（accurate）及「以證據為基礎」（evidence-based）的科學訊息提供給新聞記者。一旦某些科學相關的議題成為社會問題時，新聞記者可以方便地去接觸到最佳的科學觀點，同時也讓更多科學家投入這些議題，走向民眾。這樣的運作中心是互惠的平臺，記者與科學家可以在這裡各取所需。對科學記者而言，可以順利地報導與交稿；對科學家而言，個人相關的意見或評論出現在權威媒體中，對於自己的聲望有很大幫助。這樣的單位讓科學新聞得以擁有最基本的正確性，並且可以據此行銷不同的國家，我們不就因此而時常看見以「英國研究」為名的各種科學新聞報導嗎？

存疑，存疑，再存疑

以前我們都以為「科學家」應該是科技的專家，但是現代科技分化快速，即使我是物理學專家，我也未必瞭解生物學專家進行的工作，更遑論一般民眾，一下子是脈衝光、黑色素、果酸護膚、肉毒桿菌，一下子是三聚氰胺、順丁烯二酸、孔雀石綠，這些厚重的科學詞彙讓民眾望之卻步，直覺科學深奧難懂，所以除了相信這些報導之外，似乎別無他法。

「科學議題」一直是媒體在處理新聞事件時很棘手的議題，它具有一定的門檻，因此花太多的人力成本，也不一定能夠處理得盡善盡美，但是不花成本就一定會錯誤百出。對於民眾而言，大家都太習慣獲取快速而便宜的訊息，殊不知在變化多端的科技時代中，有時候「存疑」比「確信」來得更加珍貴。

基於科學新聞在媒體生態上的處境，以及產製過程上的各種難題，如果有一天，你發覺一則科學新聞的內容與你息息相關，對於你來說有很重要的參考價值。那麼，請先不要急著相信它！

科學二三事

孔雀石綠是廉價的人工合成有機化合物，作為染料運用在紡織及造紙業中。後來發覺用在魚類養殖，有預防感染及治療刮傷的效果，但它含有致癌物質，被明令禁用於水產養殖。

你需要做的事情就是不斷存疑，然後試著反向地去確認其正確性。例如，翻開各種新聞報導，第一件事不是在心裡暗自說：「喔，原來是這樣！」而應該是「喔？是這樣嗎？」如果你這麼做，你就擁有了第一道護身符。

新聞放大鏡

1. 科學新聞中所引用的數據、資料或證據，真的像報導描述的那麼確定嗎？
2. 報導是否清楚交代所引述的消息來源？

註釋：

註1：引自http://www.wretch.cc/blog/sgdyang&article_id=11898641網誌。

註2：詳參http://www.libertytimes.com.tw/2006/new/oct/29/today-o7.htm

註3：民視新聞：92/09/15「臺大新研究 921大地震六年內重演？」

註4：參見彭明輝教授〈顯微鏡下飛沫穿透N95？根本就是合成照片！〉一文。

註5：民視新聞：100/03/01「痛哭癱軟『換氣過度』急送醫」。

註6：民視新聞：100/11/26「電鰻發電聖誕燈繽紛環保」。

註7：參見黃大一教授於PanSci網站〈理工牛與理盲文〉一文（http://pansci.tw/archives/2394）。

Chapter 2

有毒物質真的可以「零檢出」嗎？

——關係錯置的科學新聞

科學＝黑暗世界的明燈？

二〇一三年十月，臺灣爆發了「棉籽油事件」，不肖廠商在食用油中加入不符合食品標準的棉籽油，從中牟取暴利，引起了社會一陣恐慌。依據相關的報導指出，不肖油商在許多不同的油品中，參雜比例不等的廉價棉籽油，如果這些加進去的棉籽油沒有經過良好精煉，導致油品中殘留棉酚這種成分，不僅危害身體健康，並極有可能導致男性精蟲短少而不孕[註1]。（因為這個事件，甚至有人推論過去臺灣的生育率偏低，應該與這樣的食品用油方式有關[註2]。）

在棉籽油添加事件之前，二〇〇八年含有三聚氰胺的毒奶粉、二〇〇九年著名速食店業者的炸油含砷、二〇一一年的市售飲料含有塑化劑、二〇一二年美國牛肉瘦肉精（萊克多巴胺）、二〇一三人工修飾澱粉（順丁烯二酸）、麵包人工香精等事件，幾乎每年都有重大的食品安全問題發生。人們在追求便利與速度的同時，卻也犧牲健康。

這麼多「日新月異」的食品添加劑，恐怕連食品科技研究者都無法全然

科學二三事

棉酚是存在於棉花的棉籽及棉根皮中的多酚類物質，可能造成人體紅腫出血、食欲不振、神經失常、體重減輕等症狀。此外，棉酚更具有抑制精子發生和活動的作用，在醫學上可作為一種男用避孕藥。

掌握，更何況在消費鏈最末端的一般民眾，根本無從判斷這些事物的安全性。

面對生活中層出不窮的疑難雜症，「科學數據」、「科學研究」、「科學證明」等說詞，好像變成黑暗世界的一盞明燈，可以幫我們分辨真實與謊言。

科學研究的結果之所以獲得民眾的信賴，一方面當然是因為科學在近代的人類歷史中，向世人展現了它的巨大威力，另一方面也因為科學常常透過「數據化」的方式提供我們許多對於事物的「客觀判準」。

這種對於科學數據的「客觀感覺」是許多民眾共有的，但是科學所提供的這些客觀信賴感，有沒有上限與條件呢？有沒有可能無限上綱地去使用呢？當媒體在報導科學新聞時，常會在這種科學信任感的任意擴張下，製造出一些關係錯置的謬誤。

驚悚的「數據性民粹」

第一種關係錯置的謬誤，就是製造「數據性民粹」，對於科學研究的結果營造出一種「不符合生活經驗比例」的數據，放大關係，引發民眾的集體意識。

關係錯置的科學新聞

1 數據性民粹

2 數據黑箱

3 因果錯置

「數據」當然是支撐現代科學的一根大柱子，它不僅是基礎科學研究的重要工具，也是與日常活動息息相關的生活語言。

人類過去因生活所需，發展出各種能夠精確描述事物的方法，並據此奠立各種度量衡的單位。例如，早期城市生活的型態，需要大量土地規畫、城市設計與房屋建築等工作，這時就需要精確估計建材的數量、形狀與大小，這些過程都倚賴精確的數據資料。等到城市成形後，市場交易的型態也從以物易物，演進到以各種精確度量為基礎的代幣制度，加上食衣住行等方面對於數據的運用，累積出人類對於數據的熟悉感及信任感。

在日常生活中，當我們遇見爭議或爭執時，最常要對方拿出「數據」來證明。好像只要能拿出一串長長的數據表格，就可以杜悠悠之口，我們很容易接受「數據」，認為它似乎就是「科學」與「真實」的保證。

相較之下，民眾比較不關心這些「數據」生產出來的過程及原理，忽略了數據可能被有心人操作、誤用、被拿來搪塞，甚至被媒體用來製造一些「數據性民粹」。

「數據性民粹」透過操作數據的比例尺，來誇大事件的效果，標準句型就是：「這個量相當於XXX的○○倍」。例如，過去有學者[註3]分析一則題為「英學術期刊披露臺灣牡蠣致癌風險為美國標準五百倍」[註4]的報導，該新聞披露英國著名學術期刊指出，臺灣地區沿岸牡蠣中的重金屬及有機氯殺蟲劑，對於攝食者存在偏高的致癌風險，並且依序列出致癌風險最高的幾個地區。結果消息一出，造成許多地方的牡蠣滯銷，引發漁民強烈抗議。

從記者報導的內容來看，根據美國的安全標準，可接受的致癌風險為百萬分之一（0.000001），馬祖地區的致癌風險為百萬分之五百○九（0.000509），臺灣本島風險最高的則是臺西的百萬分之四百五十一（0.000451）。把兩個風險地區平均一下，再對照美國的標準，確實就像記者所提到的五百倍風險。

但是所謂「五百倍的風險」如果再換成生活中的語言又是什麼呢？就像科學家在原始研究報告中所提到「一個人一天吃一百三十九克牡蠣，連續吃三十年就會致癌」的狀況。（就算自己家裡賣蚵仔煎也不會這樣吃牡蠣吧！）雖然這是一種極微量的比例關係差異，但是看見這一則新聞標題，很難不會有兩種反應：第一，我們真是落後先進國家五百倍的二等公民；第二，如果今天仍去吃牡蠣，應該明天就會罹癌吧！

在一個非常微量的成分差距下，硬把這些小數點之後的數據差異換算成「倍數關係」來呈現，不能說是錯誤，但是必然放大了該事件的「驚悚效果」。這種效果是媒體的最愛，苦的卻是因牡蠣滯銷、生活陷入困頓的漁民。

就像塑化劑風暴來襲時，就有類似「連鎖茶飲『杯樂』塑毒超標百倍」[註5]的報導；瘦肉精爭議時就有「本土瘦肉精更毒兩千倍」[註6]的報導，一有食品安全問題，就一定伴隨著數據性民粹的報導。

再例如：「熱水澡洗太久恐吸入致癌物，多洗五分熱水澡致癌多五倍」[註7]。其實在這個報導的訪談脈絡中，受訪的醫師提到臺灣的自來水都以氯作為消毒劑，因此遇到水溫高時，最常見的副產物就是「三鹵甲烷」這種致癌物質，因此提醒大家，洗熱水澡不要洗太久，因為洗十分鐘熱水澡會比洗五分鐘，多吸入四至五倍的三鹵甲烷註8。

之後，自來水公司立即出來澄清，指出目前自來水中的含氯量約「〇．二到一個百萬分之一」，是很微小、很微小的量，所以要大家不必擔心。

從「吸入極微小致癌物的四到五倍」到「致癌多五倍」，即便硬說沒有數據轉述上的誤植，但是嚴重程度卻被放大許多。此消息一出，應該使許多人在洗澡時產生壓力，那麼要不要再算算看，洗澡過程中致癌和罹患憂鬱症的可能性誰高呢？

遇到重大食品安全或民生健康問題，類似誇大比例關係的報導，每每製造民眾的恐慌，再加上政黨對立的談話性節目所扮演的「恐慌放大站」角色，就會讓這些驚悚的數據強化民怨。

不是這些不良物質的毒性不多，也不是這些毒性物質不會對身體發生影響，而是如果我們倚賴的只是這種「數據性民粹」，很容易就變成政治操作上的工具。

科學二三事

三鹵甲烷是一種用在工業溶劑或製冷劑的化合物，後來常在自來水中被發現。當含有某些有機汙染物的水源被加氯消毒，就會衍生出這種有致癌風險的副產品。

當這一股怨懟的風頭過了，消費者對不肖業者的求償成功了嗎？撒毒五百倍的不肖業者受到五百倍或一千倍的懲罰了嗎？

每次新聞事件過後，這股透過「數據關係錯置」而瞬間集氣的民粹，多像是洩氣的皮球，往往撐不起消費者長遠與理智的監督。

看似斤斤計較的「數據黑箱」

第二種關係錯置的謬誤是「數據黑箱」。

人們喜好數據但卻常常無視數據的起源，因此容許媒體「數據黑箱」的存在，久了就讓人覺得科學研究像是一臺製造香腸的機器，把小豬推進去後，就會從機器的另一端自動輸出香腸，哪怕事實並非如此。

例如，在許多食品安全的爭議中，都伴隨著許多「未檢出」、「無檢出」或「零檢出」這類用詞。隨便抓一個路人甲，問他覺得在食品中這些不自然的添加劑是否應該堅持「零檢出」？相信只要這個人不是在衛生福利部門工作，應該都會支持在食品中禁用品「零檢出」。至於什麼叫做「零檢出」？直覺上，應該就是用一種機器去檢驗後，發現它出現的數字是「零」吧？但

「零」是怎麼來的呢？

食品含有三聚氰胺、塑化劑、瘦肉精、棉酚等一系列的事件，在事件最熱門的時候，我們的消費習慣就會從過去吃東西重視CP值（性價比）、重視便宜又大碗、重視包裝排場的狀態，一下子翻臉成最嚴苛的「堅持零檢出」。

但是對於檢測過程有點概念的人，都會知道任何檢測的儀器都會有背景雜訊（原本儀器就會檢測到一些環境的基礎訊息）。越是精密的儀器，越是連一些細微的環境訊息都會偵測到。就像一個「神經敏感」的人，你隨便製造個聲響，他可能就歇斯底里了；而一個「神經大條」的人，就算你在他身邊放個抽水馬達，可能都還無動於衷。那麼，當我們只問這個人有沒有反應，但是卻不管這個人是神經敏感還是神經大條，這樣會不會不太合理？

所以如果要談「零檢出」，就很難不提到是用什麼工具去量測。如果檢驗的器材精密度有限，當然就檢不出更細微的殘留物，結果就是「無檢出」，但是這並不保證換一個精密一點的儀器仍會「無檢出」。

當媒體不明就裡，一直在「無檢出」、「零檢出」、「未檢出」等不同的用詞上做文章，一出事就鼓勵民眾要求主管單位以「全部都沒有！」來進行擔保；只要一有遲疑，就是不把民眾的權益放在眼裡、不愛土地、不愛臺灣。這樣的演繹方式塑造出看似為民喉舌、視民如親的民意代表，也似乎高反差對照出這些視百姓如芻狗的顢頇官僚。

如果主事部門夠滑頭，就大可在檯面上一一應允這些要求，只要換個「反應遲鈍」的檢測儀器就檢不出什麼，這些檢測過程背後的邏輯，用個障眼法就可以輕易閃躲。但這是我們期待的結果嗎？

現在的食品添加技術日新月異，許多因為新科技所衍生的新添加物，根本不在原本檢驗的行列，就算用最精密的儀器檢驗一百次，也不會有結果。例如，有一次民間團體舉發基因改造黃豆中含有「嘉磷塞」農藥殘留[註9]，這種物質相當於「年年春」農藥，依據學者所引述的國外研究結果，嘉磷塞可能會讓人體腸道的壞菌增加，也會導致肝臟解毒功能減緩。

美國在一九九六年患阿茲海默症、帕金森氏症、失智等症狀的人數突然暴增，都被懷疑與嘉磷塞用量增加的時機相關。有意思的是，衛生福利部門指出，由於嘉磷塞屬水溶性農藥，與其他脂溶性農藥相較下，風險較低，所

科學二三事

基因改造作物是利用現代分子生物學的技術，依據人們希望的目標，精密地將某些作物的基因轉移到其他作物上，用來改造它的形狀、營養及品質。

以從很久以前，在邊境檢驗的二百五十一種農藥中就已不包括嘉磷塞。

所以「未檢出」某類有害物質，可不意味著「未檢出」其他有害物質，更不保證這項產品就安全無虞，因為除了「零檢出」與「未檢出」之外，可還存在另一個叫做「無檢驗」的選項。

我們對於檢驗及所謂「合格標章」的信任，理應是支撐社會正常運作的礎石，但是科技發展變化快，無所不在的風險導致我們需要更進一步地去關注這些「數據黑箱」。例如，二〇一三年甚囂塵上的食用油摻假事件，不肖廠家竟然可以將混充的橄欖油調配到和純橄欖油的脂肪酸比例幾乎一致，連儀器都驗不出來[註10]，證明檢驗的精度及廣度往往跟不上不肖業者的腳步。

如果有報導這樣說：「苗栗抽驗牛肉 8 業者全數合格」[註11]或「市售牛樟芝產品通過毒性測試」[註12]，最好還是先瞭解「這種抽驗是如何進行」、「檢驗哪些項目」、「儀器的精密度如何」等問題，否則難保下一次抽驗結果也如此完美，更可能只是黑箱數據。

「雞生蛋還蛋生雞？」的因果錯置

第三種關係錯置的謬誤是「因果錯置」。

科學的發展是一個不斷演進、累積、除錯的過程，有時候光要證明兩件事物「有關係」，就需要耗費許多心力才可能達成，更不用說要證明兩者的「因果關係」。

要證明一件事情的發生是因為A而造成B，這在實驗室中或許還有可能，因為可以控制住許多變數，讓被實驗的對象除了A因素之外的條件都相同。因此如果實驗後發現B結果，當然就可以直接推論B是由A所造成。

但是在日常生活中，情況變得十分複雜，彼此的因果關係不是這麼容易可以連結起來。因為除了A之外，其他包括A1、A2、A3、A4、A5等因素都可以發生影響，而且如果A與B發生的時間先後無法明確區分，還可能發生「倒果為因」的推論。

在講求時效的新聞製作上，工作人員實在沒有時間慢慢確認與推敲，而多數看新聞的民眾也只急著要獲得最快速的答案，所以在一個願打一個願挨的狀況下，很容易發生因果關係錯置的推演謬誤。

例如，有一則科學新聞是這樣說的：「吃巧克力變聰明？研究：國民愛吃諾貝爾獎得主多」註13，這個報導的內容指出：「瑞士裔美國醫師梅瑟里（Franz Messerli）蒐集二十三個國家每年巧克力消耗量，接著比對過去各國諾貝爾獎得主人數，發現熱愛巧克力的瑞士是諾貝爾獎得主密度最高的國家……但若照這個比例推算，卡在中間不上不下的美國若想再多一個諾貝爾獎得主，全美還得再嗑一億二千五百萬公斤巧克力。」如果得到諾貝爾獎的可能性可以依據報導中的方式這樣換算，那麼我們的國民健康局應該審慎地幫大家核算一下，臺灣應該還要再吃多少噸巧克力？

這樣的指標與說法馬上被質疑，「巧克力」與「諾貝爾獎」的關係，究竟是因為巧克力可以刺激人類腦力思考而致使得獎？還是因為巧克力背後所代表的經濟消費能力所反應出來的國力？

換句話說，如果「巧克力」是A，「諾貝爾獎」是B，事實上並不是A造成B，而是另外的A1因素造成B，A根本只是表象上的替代品，可能連「因素」都搆不上。此外，A1與B的關係也不是如此直接與單向，而是相互影響，就像是得獎的人多就會造成國力強盛，國力強盛後又回過頭來建構更好的環境、孕育更多得獎人。

再精密的科學研究，很可能都只在確保不同因素間的「關連性」，但是媒體卻常堅定地去標定彼此的「因果關係」。這樣的方式如果操作在生活周遭的科技爭議上，就可能引發社會動盪與不安。

最明顯的案例就是二〇一一年的塑化劑風暴，當時媒體披露許多塑化劑對於身體造成的傷害，引導出強烈的因果關連性，並引發社會恐慌。當然這些傷害都是有可能性的，但當消基會為五百多名消費者提出團體訴訟，並向三十七家廠商求償二十四億餘元時，法院卻以「消費者並未舉證損害與塑化劑有關」等理由，僅判其中十八家廠商賠償一百二十萬，甚至有一家廠商只判賠了九塊錢[註14]。可見要連結兩個因素之間的「因果關係」十分困難，要去「舉證」更是難上加難，不過已經被放大的「民怨」，大概很難對於這樣的判決結果感到滿意。

昆蟲不是聽不見，只是跳不起來

科學能夠在近代社會中獲得光環及關注，很大的因素是它十分特殊的「方法」。為了一窺這些方法背後的奧祕，甚至有一個稱為「科學哲學」的學術領域，努力從各種科學研究的案例中，歸納出科學家所使用的方法是否有一套固定的規則可循。

在這些研究的學者當中，有人認為科學確實有十分嚴格的歸納及演繹的規則；有人認為科學方法的主要關鍵在於具有經驗基礎，也就是用能夠被看得見的事實來證明；有人認為真正的科學不是能被證實，而是能夠被推翻（否證），如果永遠不能被推翻的就是宗教；有人認為這些科學內部的抽象運作規則都不是科學方法的最關鍵成因，科學之所以成功是因為擁有一群死忠、打死不退，而且共享一套語言及邏輯的成員，因為只有這種幾近於「效忠」的精神才可能如此專注進行一項科學研究；有人甚至認為，不要把科學過度神話了，科學方法其實就是「怎樣做都可以」（anything goes）。

科學的豐富及奧祕，難以透過單一的說法一以貫之，即便在第一線研究的科學家，恐怕都很難為「科學方法」講述一套完整的故事。那麼媒體又怎麼可以如此輕易、簡化、立即連結出各種因素之間的數據或是因果關係呢？

曾經有一個科學研究的推理趣聞是這樣說的：有一位教授想研究一隻不知名昆蟲的特質，他在昆蟲面前拍一下手，昆蟲就跳一下；於是教授就摘掉昆蟲的一對前腳，之後再拍一下手，昆蟲還是跳一下；於是教授就再摘掉昆蟲的一對後腳，同樣再拍一下，這一次昆蟲就不跳了。於是教授得到了這一次實驗的結論：「昆蟲在失去四條腿的狀況下，聽覺也會同時喪失。」這種啼笑皆非的結果，不就是我們的科學新聞因為研究結果的關係錯置而經常上演的戲碼嗎？

一般民眾不是科學哲學專家，所以無須建立一套放諸四海皆準的大道理來判定科學結果的妥適性。但是用「排除法」總可以吧！民眾只需要在隨手可及的各種科學新聞訊息中，時常讓自己判斷「什麼不是好的科學方法」、「什麼不是好的關係推理」，理應就可以杜絕許多光怪陸離的科學研究報導。

這當然不是一件輕而易舉的工作，它需要在各種場合好好練習，才能參透媒體為了搶時效所造成的關係錯置或推理謬誤。民眾得相信「有練有保庇」，才能拒絕媒體的數據性民粹、數據黑箱及亂拉因果關係的渲染，否則只能一次次地看科學爭議事件爆發、轉移、消失，再爆發。

新聞放大鏡

1. 當這一股怨懟的風頭過了之後，消費者對不肖業者的求償成功了嗎？
   撒毒五百倍的不肖業者有受到五百倍或一千倍的懲罰了嗎？
2. 你能分辨什麼是「未檢出」、「無檢出」或「零檢出」嗎？

註釋：

註1：〈醫界：長期食棉籽油傷害精蟲〉（《聯合報》，102.10.19）。

註2：〈生育率偏低現在答案揭曉〉（《中國時報》，102.10.23）。

註3：詳參鄭宇君（2003）：〈從社會脈絡解析科學新聞的產製以基因新聞為例〉，《新聞學研究》，74，121-147。

註4：〈英學術期刊披露臺灣牡蠣致癌風險為美國標準五百倍〉（《中時晚報》，90.1.9）。

註5：〈連鎖茶飲『杯樂』塑毒超標百倍〉（《中國時報》，100.6.8）。

註6：〈本土瘦肉精更毒兩千倍〉（《中國時報》，101.3.14）。

註7：〈熱水澡洗太久恐吸入致癌物，多洗五分熱水澡致癌多五倍〉（臺視新聞，100.1.24）http://ppt.cc/u24b

註8：〈熱澡洗太久恐吸入致癌物〉（《中國時報》，100.1.24）。

註9：〈每年240萬噸／進口基改黃豆沒驗農藥嘉磷塞〉（《自由時報》，102.10.29）。

註10：〈大統假油配方騙過儀器合格檢驗到手〉（《聯合晚報》，102.10.19）。

註11：〈苗栗抽驗牛肉8業者全數合格〉（《聯合報》，101.3.15）。

註12：〈市售牛樟芝產品通過毒性測試〉（《蘋果日報》，102.5.22）。

註13：〈吃巧克力變聰明？研究：國民愛吃諾貝爾獎得主多〉（NOW News2012.10.12）。http://www.nownews.com/2012/10/12/11490-2862418.htm

註14：〈塑化劑案求償24億僅判賠120萬〉（《聯合報》102.10.18）。

Chapter 3

核電廠就像菩薩坐在蓮花座，穩得很？

——不懂保留的科學新聞

二〇一一年三月十一日是人類歷史上很難被遺忘的一天，當天下午兩點四十六分，日本東北地區發生七級的強烈地震，並引發巨大海嘯，導致福島縣第一核電廠的核子反應爐冷卻系統失靈，造成連續的氫氣爆炸，事後這些輻射塵汙染的陰影就一直籠罩在全世界人們的心中。

與日本僅有一海之隔的臺灣，在這一場複合式災難之後，明顯感受到強烈的不安全感。臺灣剛好處在新核電廠究竟該不該繼續往下蓋，舊核電廠該不該提前除役的尷尬爭議期，福島核災的災難畫面，更挑起了大家對於這件事情的關注。

為了安撫民眾的疑慮，有政府官員在接受立委質詢時打包票地說：「臺灣核一、核二、核三廠都位在海平面十二至十五公尺高的地方，比日本核電廠安全。」並加碼形容臺灣核電廠是「菩薩坐在蓮花座上」[註1]，要民眾相信我們的核電廠穩得不得了，幾乎萬無一失。

專家眼中的「電磁波威脅」

在人類預想可能發生的狀況之前，最尖端的科學發展就已率先進入社

科學二三事

電磁波是一種能量傳遞的型態，並以波動的形式表現出來，可區分成無線電波、微波、紅外線、可見光、紫外線、**X**光等（所以燈泡的光也是電磁波喔！）

會。例如，我們可能還不太確定長期食用基因改造食品是否有意外的副作用，卻已經在食物中添加許多基改食品；又如，我們的法律可能還來不及規範生物科技上的各種倫理爭議，但已經開始研發許多生物科技的產品了；又如，我們還沒有把握能完全駕馭巨大的原子能，但已經將它應用在戰爭及發電。

類似這些牽涉範圍廣、複雜度高的科技議題，可能連專家都會有不同的主張及看法，那麼媒體又要如何引介給民眾呢？

「電磁波會不會威脅健康？」就是一個典型的議題，《中國時報》曾以頭版頭條的方式刊載了一則高壓電塔可能危害民眾健康的新聞，斗大的標題寫著「一百四十四所學校受害　電磁波圍攻逾萬學生」[註2]。

這篇新聞的大意是，有位大學教授接受教育部委託進行研究：國民中小學校園附近，因為變電所或高壓輸電線所造成之極低頻磁場暴露所可能造成的影響。調查發現，臺灣地區共有一百四十四所國民中小學校園之部分面積，位處於高壓輸電線兩側二十公尺以內的範圍，也就代表極低頻磁場暴露強度高於四毫高斯。而一些流行病學的研究指出，小兒癌症與四毫高斯以上的極低頻磁場暴露是有關係的，意味這些校園可能危機四伏。

這個研究結果作為重要報紙的頭版頭條，當然引來高度重視，身為家長的民眾更為了兒女的安全而憂心忡忡。

隔幾天，《中國時報》在民眾投書的專欄，同時刊登了兩篇篇幅大小幾乎相同，但是立場及觀點卻完全相左的投書。編輯可能無從判斷兩篇文章的觀點孰是孰非，索性兩篇都登，而且登在一起。

這兩篇投書分別題為「時

144所學校受害

電磁波圍攻逾萬學生

王超群、韓國棟／台北報導

台灣地區共有一四四所國民中小學（四十九所國中，九十五所國小）校園之部分面積，位處於高壓輸電線兩側廿公尺以內的範圍內，也就是極低頻磁場暴露強度高於四毫高斯；而許多流行病學研究指出小兒癌症與四毫高斯以上的極低頻磁場暴露有關。

輔仁大學公共衛生系教授李中一接受教育部委託進行「國民中小學校園因鄰近變電所或高壓輸電線所造成之環境極低頻磁場暴露－現況調查與管制建議」，由九十二年十二月廿五日至民國九十三年八月廿五日進行調查，發現國內逾萬名國中小學生暴露在可能有危害的電磁波中。

報告指出，在全國八二四所國中當中，有廿七所校園有高壓輸電線跨越，校園與鄰近高壓輸電線兩側廿公尺範圍區域有交集者有四十九所；在國小部分，全國二五一三所國小當中，有卅八所校園有高壓輸電線跨越，校園與鄰近高壓輸電線兩側廿公尺範圍區域有交集者有九十五所。

李中一的研究指出，台灣地區共有一四四所國民中小學（四十九所國中，九十五所國小）其校園之部分面積位處於高壓輸電線兩側廿公尺以內的範圍內，這些學校的學生人數共有十六萬八二五四人（國中生約五萬八千多人、國小生約十萬九千多人）；若按校園中較高磁場區域占總面積的比例估計，潛在受影響的學生人數約為一萬八五六一人。

此外，以變電所為中心半徑五十公尺的圓形範圍內，也就是磁場強度可能達到四毫高斯者，並未與任何國中的校園有交集。在國小部分，五所與變電所半徑五十公尺範圍內區域有交集之國小共有學生六九七六人，潛在受影響之學生人數則有八三六人。

二年前調查至今 問題仍在

教育部環保小組執行秘書陳志傑說，這項調查是二年前監察院要求教育部進行的，他說，主管機關環保署訂定的安全值為八三三毫高斯，調查結果發現並無學校超過這項標準；不過教育部還是擔心未發育完成學童的健康遭到低頻輻射影響，所以發出上述公文，要求這些學校注意。

陳志傑說，要求縣市政府遷校，或要求台電將鄰近學校的變電所或高壓電塔遷離，困難度太高，因此最好的作法就是盡量減少使用過於接近變電所或高壓電塔的教室。

李中一指出，該計畫並非採實測方式，而是以地理資訊系統與變電所、輸配電線圖層套疊推估，前提是高壓電線兩側八十公尺為準，同時學生均勻散布在校區內，計算出的潛在受影響人數，但事實上，輸配電線如果跨越教室或穿過花園、水池，對學生的影響程度自然大不相同。他在報告中建議教育部，「實測」才是正確掌握資訊的唯一方式，但教育部顯然並沒有後續委託方案規畫，兩年前的調查結果至今問題依舊存在。

（相關新聞詳刊A2）

台北市 18℃-25℃ 台中市 16℃-26℃ 高雄市 19℃-28℃ 花蓮市 19℃-26℃

龍洞惡浪撲艇 三死一失蹤

144所學校受害，電磁波圍攻逾萬學生？

論擂臺：低頻電磁波爭議——還給居民健康空間」（林健正，二〇〇六年二月十六日）及「時論擂臺：低頻電磁波爭議——地球本身就是磁場」（林基興，二〇〇六年二月十六日）。兩位作者同為理工背景專家，都具有理工方面的博士學位，在專業知識的背景上旗鼓相當。

其中林健正一文認為，低頻電磁波確實是一個爭議問題，他進一步提醒大家留意城市裡一些看不見的「變電所」，它們也同樣具有類似的威脅性，應該同樣受到關注。林基興一文則認為前三天《中國時報》的報導是不適當的，因為早有相關研究單位證明臺電的電磁波無害，甚至小於人們身體上自己產生的電磁場，而且地球的自然電磁威力就遠勝於電線。

我們多數人遇到這樣的爭議，第一個念頭應該是「自己不是專家，所以無法判斷這樣的專業爭議」。但在這個案例中，連大家眼中不折不扣的「專家」，也對這件事情有大不相同的判斷。

進一步比較雙方在文章中所引述的資料可以發現，林健正一文引述了包括泛指的醫學研究（無出處）、美國加州政府研究、英國牛津大學研究的數據；林基興一文也引述美國國家科學院、美國橡樹嶺大學聯盟研究、美國國家癌症研究所的數據。先不論各自觀點的內容精闢與否，在引述資料的來源上，兩位專家都只引述可以支持自己觀點的「研究資料」。這些資料的來源看起來都很專業，也很有公信力，但是為什麼沒有交集呢？

無所不在的科技風險

當科技產品與更複雜的外在使用環境產生互動時，會有更多意想不到的風險。以前我們要完成一件事，可能需要專注地完成步驟一，然後步驟二、步驟三……。當我們對於生活想像的要求更多時，我們就會開發出可以將步驟一、步驟二、步驟三結合，一次做完的「科技產物」，以求更快速達到我們要的目的。

把這些步驟擴充到十個、一百個，甚至是一萬個，我們就可以輕輕鬆鬆透過一個按鈕，完成過去我們得花很久時間才能做完的事。這樣的好處是畢其功於一役；相對的壞處則是，盤根錯節的步驟會讓整個「系統」變得很複雜，如果出問題，不容易知道問題發生在哪個環節，而且無從擔保一定不出問題。

電腦就是個好例子，當它靈光時，我們簡直愛死它了；但是如果當機，我們常常束手無策乾瞪眼（它要嘛給你全世界，要嘛就是全部不給你）。這時，維修人員的建議也往往就是「整組換掉」，他們自己也不知道問題出在哪個細節（因為細節太多，不是一般人可以參與）。

再例如食物，現在的食品可以吃得豐富且有趣味，精緻程度比過去進步許多，但是如果出問題，我們無法判斷是裡面的哪一種食品添加物所造成。

如果這些應用還牽涉到外部的社會因素，那麼就更複雜了。例如，為了節省食品成本而加進過去從未出現過的化學添加物，好比「三聚氰胺」或「萊克多巴胺」這些東西，因為過去沒被使用過，所以也沒有人知道它對人體將有什麼影響。或是為了兌現政治承諾而擔保某項科技產物的安全性，但事實上卻可能因為採購過程中的削價競爭而造成零件分批採購，結果造成整合不易。

這些獨立環節的重組，造成了必然的風險，有的風險可以預知，有的根本完全無從得知。而當人們習慣這些科技產品及生活模式之後，這些無所不在的科技風險就無法迴避。

我們常常聽見政治人物或是有利益關係的人，向我們擔保某些科技產物安全無虞，這些「擔保」除了讓人有一種心理慰藉，實質意義是有限的。而這些心理慰藉感也有消費殆盡的一天，因為**科技風險具有明顯的「不確定且不可衡量」的特質**。

以「手機電磁波會不會造成腦瘤？」這個問題為例，要衡量它立即面臨幾個重要問題：首先，專家之間可能就缺乏共識，因為這個問題牽涉到「電磁波接觸到大腦」這件事。物理學家瞭解電磁波的波形及能量傳遞的原理，通訊系教授瞭解如何設計手機才可以發出有利通訊的最佳電磁波，生物學家知道大腦的基因排列組合，醫生知道腦部的組織結構；這些專家分別對於「大腦」及「電磁波」有不同面向的理解，但是誰才是真正瞭解「當大腦遇見電磁波」這個複雜問題的專家呢？

其次，這些問題常常含有許多難以控制的變因，因為要證明「電磁波造成腦瘤」的因果關係，需要控制許多變數，但是人們在日常生活中使用手機，往往充斥著太多影響這個因果關係的變數。例如，腦瘤為何不是因為愛喝咖啡所造成？為何不是因為常常搭乘地鐵所造成？為何不是因為遺傳體質所造成？這些問題無法透過實驗得到解答。就算實驗人員幫一群實驗用的白老鼠申辦手機，然後天天打電話跟牠們聊天，我們也很難從老鼠身上發生的病變直接推演至人類。實驗控制下的完美環境，無法與現實的生活條件直接類比。

這些不確定的前提，使得科技風險無法快速獲得解決。換句話說，**許多科技爭議，都是一種生活型態以及生命價值的抉擇，並非單純的科學知識就能幫大家拿定主意。**

科技變化快，風險大不同

如果風險無所不在，那麼是不是每一種風險的後果都一樣呢？對此有一種方便有效的判斷方法——把「科技風險」看成「發生的機率」×「後果的嚴重性」。

當「發生的機率」與「後果的嚴重性」兩者都很高時，當然就是一項討人厭的科技產品，在社會上存活的機會理應不會太高。當「發生的機率」與「後果的嚴重性」都很低，應該是大家都可以接受的科技產品。

比較棘手的狀況是「發生的機率」與「後果的嚴重性」或高或低的幾種排列組合，或是這兩者是高是低讓人不太清楚的一些狀況，請看左圖。

科學風險──發生機率與後果的嚴重性的可能組合

1
發生機率性 高
後果嚴重性 低

可能在某些值得慶祝的派對上，你吃進去過多的奶油或炸雞，或是外食比例越來越高的社會，你有更多機會吃進去品質不是那麼好的食用油，或是林林總總的人工香精。這些事情發生的機會或許不低，但是這些不是很健康的食物不會讓你一吃進去就倒地不起，甚至可以透過身體的代謝而排出體外，後果的嚴重性比較不是那麼立即與巨大。

2
後果嚴重性 高
發生機率性 低

雖然不管哪個國家的電力公司都會宣稱核電廠的安全性很高，並且已經做好各種因應事故時的完全準備，但是發生事故的機率永遠都不可能等於「零」。

科學風險─發生機率與後果的嚴重性的可能組合

3 發生機率性未知 後果嚴重性未知

一九五〇年代一種避免孕吐的藥品，當時在臨床實驗時所進行的風險評估，並未評估到這個藥劑以後對於胎兒的影響，因此事後造成了一些無法彌補的傷害。類似這種情形，幾乎是每一種新的科技產品（特別是藥物）第一次進入人類社會時，所可能得承受的風險。非得經過一些時間的累積及檢驗，才能在時間的背書上獲得民眾的信任。

由於科技變化快，風險大不同，因此對於科技風險的認定就變成一件十分個人化的事務。

例如，到底要不要接受核能發電？一個信奉「即時行樂」生活哲學的人，他可能覺得核電廠可以提供穩定且便宜的電力，讓他生活舒適富足，即使存在一些無可承擔的後果風險，他仍願意賭上一把。但是另一個習慣「任重道遠」想事情的人，就會考慮後代子孫安全、環境永續等問題，即使核電廠發生災害的機率很低，他還是堅持不向一絲一毫的可能性妥協。

這些秉持不同生活態度的人，可以各自依據自己的價值觀過活，井水不犯河水，但是在「科技公共議題」上，卻硬是得尋求一個最大公約數，所以難度當然很高，爭議更是難免，這個過程像是強迫一個人去適應另一個人的生活型態及價值。

這個例子透顯出科技爭議達成共識的困難——往往在價值觀點上的折衝，而不是民眾瞭解「科技安全無虞」與否。

當民眾漸漸感受無所不在的科技風險，而官員或公部門卻只把大眾簡化成對於科技安全缺乏瞭解的「愚民」，而用政令宣導的方式鼓吹核能安全、瘦肉精安全、基地臺安全，民眾只會把它當成是跳針的錄音帶，最後大家還是覺得政府什麼都沒說。

永遠給你拍胸脯、掛保證的媒體

原委會官員曾為了說服蘭嶼居民接受核廢料存放，向他們擔保這些核廢料是很安全。官員的說法是：「如果一個男人睡在兩桶核廢料中間，會比睡在兩個女人中間還安全。」政治人物為了遂行自己的政治目的，濫開支票、信口雌黃也就算了，媒體呢？如果科技風險無所不在，我們的媒體如何處理這類報導？

在這個充滿風險的科技社會中，有時候「確定」瞭解某些事情是「不確定」的，遠比「不確定」接受某些事情是「確定」的來得更加重要，但是多數媒體很難接受這種「不確定」的感覺。

長期以來，媒體習慣以一種高姿態的「訊息看守者」口吻來評介新聞，先不論其監督的品質如何，這些斬釘截鐵的態度有利媒體豎立自己的權威感。而民眾在面對類似有爭議的科技事件時，習慣期待一種簡單而立即的「正確答案」，即使很多問題並沒有這麼便宜的解答。

這樣的狀況讓每次的科技爭議事件，被推向兩極對立，相互拼搏，卻無

科學二三事

高階**核廢料**通常是指用過的核燃料棒或是相關萃取物，而低階核廢料指的則是反應過程中接觸過這些放射性物質的衣物、手套、工具或零件等。

助於化解難題。

我曾觀察一位補習班名師上課，這位名師的口頭禪是：「這題你們學校老師應該不會這樣算吧？」然後下一句一定是：「如果他也這樣算，那一定是偷看我的！」只見學生眼中充滿著崇拜的眼神，這種敬佩想必是他們專注學習的動力。媒體也需要讀者這種崇拜的眼神，以維持他們的品牌忠誠度，所以需要把話講得比較滿，不然好像不夠權威，我們因此常常看見許多「拍著胸脯作保證」的報導。

曾有報紙刊登了一則新聞，標題是：「啥米！小時撒謊長大易當ＣＥＯ」[註3]。內文報導加拿大多倫多大學兒童研究所最新研究指出：兒童小小年紀就會撒謊，是腦部快速發展的跡象，長大後成為領袖、執行長和銀行家的機會較高。這樣的一篇研究，從認知心理學的角度，分析心智發展比較好的兒童，往往比較能夠說出複雜的謊言，因為謊言的背後需要統整許多資料及線索，之後再據此推演出「會撒謊的兒童，成功機會應該比較高」。

這樣的推理過程十分耐人尋味，因為這個研究故意設計一些實驗情境來觀察兒童是否會說謊，以及如何說謊。研究人員在一場訪談兒童的實驗中，全程用攝影機拍攝記錄，故意在兒童的座位背面放一只玩偶，之後研究人員離開，並叮嚀兒童不能回頭看，一段時間回來後問兒童，剛剛有沒有偷看背後的玩偶。

這樣的心理學實驗情境有其學術價值，它關注腦內的認知發展分析，但是從這樣的實驗情境可以直接推演出「長大會當CEO」這麼強烈的結論嗎？沒有其他後天環境或是社會影響的因素嗎？

新聞最喜歡拿「基因」來掛保證。例如，「基因作祟，女人易對臉書成癮」[註4]（所以男人對於臉書就能保持冷靜嗎）、「別怪女人永遠想瘦，研究：這是基因決定」[註5]（所以唐朝時代流行豐滿女人的審美觀，違反基因囉）、「吝嗇無罪！科學家找到『小氣基因』」[註6]（所以吝嗇是與生俱來的嗎）。基因是否可以單方面幫我們決定這麼多事務，這是很值得商榷的問題，過去**這種基因決定論已經遭受許多批評，而科學新聞卻反其道而行**。

此外，只要冠上「科學研究」的招牌，就很容易吹噓。例如，「研究：小家庭易養出富貴子孫」[註7]（奇怪，我們常遇見的有錢人都是大戶人家啊）、「銀杏吃辛酸！研究證實不能改善記憶力」[註8]（已經證實的事情，為什麼坊間的藥房還賣銀杏呢）、「女人長相愈嫵媚愈想多子多孫」[註9]（這個研究對於女人嫵媚的界定，放諸四海皆準嗎）、「英研究：胖臉男較易說謊作弊」[註10]（為什麼電影中的騙子常常是尖嘴猴腮的長相呢）。

只能說，**科學研究往往有它的實驗情境，過度的推論往往讓人啼笑皆非**。

除了一些國外的編譯新聞之外，國內遇見重大科學爭議事件時，常常會訪問專家的意見。就像先前不肖廠商在飲料中添加塑化劑，就出現許多關於塑化劑傷害身體的「專家說法」。例如，「成大專家：臺灣乳癌率飆升與塑化飲料有關」[註11]、「恐慌！怕兒子變太娘，小弟弟驗長短，三十歲也急著掛診」[註12]、「塑化劑……影響心、肝、腎、生殖系統」[註13]。這些報導一出，許多家長帶著小孩進行檢查，也有罹癌的病患跟廠商求償，一時之間人心惶惶。

事實上，這些可能性當然無法排除，只是要造成這些結果的影響因素繁多，而專家描述的內容，也不如媒體描述這般斬釘截鐵。

科學的研究結果及理論發展，往往在一個邊界條件控制嚴密、抽象化程度很高的情境中形成，置放到真實世界的生活情境時，有不同程度的不確定性或風險，這些特質都是我們在判斷各種事件時所應該具備的認識。

但是**從媒體缺乏保留的修辭中，我們不知不覺以為科學獨大、決絕、不容挑戰，甚至忽略各種科技議題決策背後所牽涉的價值因素**，這樣的狀況無助於民眾參與社會的重大爭議。至此，我要特別呼籲科學新聞要懂得「留點餘地」，這對大家都是一件好事。

新聞放大鏡

1. 新聞中是否把科學研究與實際狀況聯繫得太直接與強烈？是否忽略了真實情境中不同的影響因素？
2. 新聞中是否把科學的象徵性地位捧得太高，沒有給閱聽者足夠的空間去思索其不同的可能性？

註釋：

註1：〈駁斥蓮花座說，環團：岩盤會碎裂〉（《自由時報》，100.3.17）。

註2：〈一百四十四所學校受害電磁波圍攻逾萬學生〉（《中國時報》，95.2.13）。

註3：〈啥米！小時撒謊長大易當CEO〉（《中國時報》，99.5.18）。

註4：〈基因作祟，女人易對臉書成癮〉（中央社，101.9.2）。http://ppt.cc/Cy~T

註5：〈別怪女人永遠想瘦，研究：這是基因決定〉（NOWnews，101.10.4）。http://ppt.cc/IGtU

註6：〈吝嗇無罪！科學家找到『小氣基因』〉（NOWnews，99.11.5）。http://ppt.cc/8alQ

註7：〈研究：小家庭易養出富貴子孫〉（中央社，101.8.29）。

註8：〈銀杏吃辛酸！研究證實不能改善記憶力〉（優活健康網，101.9.7）。http://ppt.cc/rql3

註9：〈女人長相愈嫵媚愈想多子多孫〉（中央社，100.10.30）。

註10：〈英研究：胖臉男較易說謊作弊〉（《聯合報》，100.7.7）。

註11：〈成大專家：臺灣乳癌率飆升與塑化飲料有關〉（《中國時報》，100.5.29）。

註12：〈恐慌！怕兒子變太娘，小弟弟驗長短，三十歲也急著掛診〉（《聯合報》，100.5.31）。

註13：〈塑化劑……影響心、肝、腎、生殖系統〉（世界新聞網，100.5.31）。http://ppt.cc/bVQW

Chapter 4

外星人被證實為真？

——多重災難的科學新聞

靠自己生產科學新聞的門檻比較高，那麼直接編譯國外新聞社或外電的科學新聞，似乎就變成最便捷的方法，不僅成本低，也不用花太多精神去查證科學知識的正確性。但在這些好處背後，卻潛藏一些不為人知的隱憂，這可以從一則外星人的編譯新聞談起。

二〇一一年四月，有一天早上起床看見《聯合報》斗大的頭版標題寫著「外星人訪地球　FBI備忘錄證實為真」的新聞，「證實為真」這四個字，可是不得了的用語，想不到這些綜藝效果遠大於新聞效果的談話性節目，成天講著講著，外星人被他們講成真的了！從那天一早《聯合報》見報開始，一整天的電視新聞充斥著外星人的畫面，臺灣瞬間被外星人淹沒了。

美國FBI證實的究竟是什麼？

外星人的神祕傳說，向來是臺灣媒體喜好的科學新聞類型之一，但這是頭一遭有關「外星人存在」的新聞被放上重要報紙的頭版頭條。其實相關的傳言已在網路及各種媒介中流傳許久，我不明白此次被大肆報導的起因。

仔細看過這一則新聞始末之後，才明白這個議題再次變成「新聞」，是因為美國聯邦調查局（ＦＢＩ）在新開張的網站上公開了一份一九四七年的典藏資料，而這短短兩頁關於外星人飛碟爆炸的報告文件，是由一位名叫霍特爾的特務當時經由他人「轉述」所紀錄下來的檔案。

真正的新聞點，其實應該是「ＦＢＩ新資料網站開張」，而不應該是那流傳已久的「外星人報告」，只是臺灣媒體見獵心喜，不僅冷飯熱炒，還炒錯方向。

就算炒作老議題，如果內容炒得正確，或許還有一點參考價值，畢竟探求外太空生物一直是許多天文學家的夢想。但就這起事件的內

1947年 羅斯威爾飛碟事件

外星人訪地球 FBI備忘錄證實爲真

【編譯王麗娟／報導】美國政府始終否認有外星人登陸過美國，但是聯邦調查局（FBI）新近對外公開的一分備忘錄，顯示美國知名的「一九四七年飛碟墜毀事件」可能確有其事。這分備忘錄指出，外星人於一九五〇年前曾降落美國新墨西哥州的羅斯威爾市。備忘錄指出發現三架飛碟，裡面各有三具屍體。

英國每日郵報報導，這分呈報給當時聯調局長的備忘錄，是由負責華府辦事處的特務霍特爾執筆，寫於一九五〇年。備忘錄披露於調查局設立的線上公共檔案閱覽室「資料庫」（The Vault），民眾可以通過登錄vault.fbi.gov訪問搜索。這分備忘錄可能再度引發政府掩飾真相的爭論。

霍特爾以「飛碟」爲主題，指出空軍調查人員告訴他，新墨西哥州羅斯威爾發現「三個所謂的碟形飛行物」。飛碟呈圓形，中間突起，直徑約五十呎（約十五公尺），每個飛碟內有三個類似人形的屍體，但高度僅三呎（九十公分），每「人」穿著質地精細、貼身的金屬衣。

霍特爾說，線民指出，飛碟會在羅斯威爾墜毀，是因政府在當地架設了高功率的雷達，干擾了外星人的飛碟。公開的備忘錄已將線民名字塗去。

這分備忘錄證明政府掩蓋飛碟與外星人登陸的事實。一九四七年，羅斯威爾傳出有一架飛碟墜毀時，當局最初承認，其後又改口稱墜毀的是一個氣象氣球。當時的報導說，軍方發現飛碟殘骸、外星人屍體，並加以解剖。

「資料庫」內另一分一九四七年所寫的備忘錄，稱軍方在羅斯威爾附近發現一個應是「飛碟」的物體。飛碟呈六角形，上方以電纜吊著一個氣球。註明是「急件」的備忘錄，指出飛碟形似氣象氣球。

相關新聞見A3

⬆美國聯邦調查局新公布的這分備忘錄檔案，說明一九四七年飛碟墜毀於羅斯威爾市事件可能是真的。（每日郵報）

⬅美國政府一九四七年否認有飛碟墜毀於新墨西哥州羅斯威爾市，但其後有許多據稱是這次事件中死亡的外星人遺解剖照片在外流傳。（每日郵報）

1947年 羅斯威爾飛碟事件

外星人訪地球FBI備忘錄證實為真

涵來看，恐怕事與願違，因為此次「外星人報告」的傳聞，與ＦＢＩ在世界各地部署的特務有關，這些特務的角色就像是警察局的「線民」，每隔一段時間就得向總部回報一些線報，以彰顯自己的「業績」。這些回報的線索有的可能經過仔細查證，有的可能只是道聽塗說，都需要進一步證實。

當時這一份「外星人」報告，雖然對於外星人的外型、穿著等特徵描述得繪聲繪影，但卻非該名特務親眼所見，可信度當然備受質疑。

想不到這整起事件經由英國八卦小報《每日郵報》（*Daily Mail*）披露後，竟然被臺灣的重要報紙編譯成頭版頭條要聞。令人匪夷所思的是，這個源自美國ＦＢＩ的新聞，反而未見於美國《紐約時報》、《華盛頓郵報》等具公信力的媒體。這麼驚爆且影響人類發展甚鉅的議題，也不見於英國《衛報》、ＢＢＣ等優質傳媒，究竟是什麼原因導致彼此的落差？

深入檢視這一系列報導的原始內容，可以發現原本ＦＢＩ的檔案文件並沒有明顯的訴求或結論，不過就是兩頁簡要的工作報告。經過《每日郵報》處理後，他們將標題訂為：「ＦＢＩ的祕密檔案指出警察及軍方人員如何看見幽浮在猶他州上空爆炸[註1]」，內容只是描述這份祕密檔案中關於發現外星人的過程，並未討論外星人存在與否。但是經臺灣媒體轉載與編譯後，外星人存在與否卻已經「證實為真」。

這個「證實」不是來自美國的ＦＢＩ，也不是英國的《每日郵報》，而是臺灣媒體的跨洋見解。

驚心動魄的電視新聞，有事嗎？

在這一次《聯合報》的平面新聞中，除了文字之外，還刊登了兩幅外星人躺在手術臺上被解剖的畫面，讓人覺得外星人應該就是這個樣貌。這些畫面都引自《每日郵報》的新聞網站註2，但尷尬的是，該新聞網站早已在圖說中清楚標明這些圖是造假與惡作劇的圖片，臺灣的重要平面媒體卻仍煞有介事，讓我們的讀者以為外星人就長成這副德性。

隨著當天報紙出刊，電視新聞開始替這一則報導補上一些幫襯的畫面，搭配主播高亢的聲調，在各節的電視新聞中強力放送。面對這種驚奇程度爆表的科學新聞，各家新聞主播無不搏命演出，只差沒有裝扮成外星人的樣子，粉墨登場。

有的電視臺將「假外星人」躺在解剖臺上的畫面，配上著名科幻影集《X檔案》的配樂，增加懸疑及驚悚的感覺；有的電視臺主播，像是中了頭獎一樣，興奮地把「假外星人」的畫面形容成是美國FBI為全世界丟下了一顆震撼彈；有的電視臺則剪輯了所有跟外星人電影相關的情節，襯著「假外星人」的解剖臺，幫大家回顧不同外星人的長相；有的電視臺則乾脆整理過去各種節目對於外星人現象的訪問及討論，對照FBI過去的神祕案件，暗示美國想要掩蓋外星人存在的事實。

在這個新聞浪頭上，當晚臺灣陷入「一個外星人，各自表述」的混亂狀態。綜合這些電視新聞畫面，大家使用的幾個共同元素是：激昂的主播旁白、驚心動魄的配樂、外星人的精彩畫面集錦。一整天的疲勞轟炸下來，應該可以讓許多人相信兩件事：1.世界上真的有外星人；2.外星人就長成那樣子。

這種漏洞百出的報導方式，很快露出馬腳，不久就有人踢爆這一則炒冷飯的新聞，《聯合報》也在事發三天後刊登了一篇「FBI外星人檔案烏龍，全球媒體上當」的新聞在報紙的第14版[註3]，報導中指出「……這份備忘錄的確是ＦＢＩ探員霍特爾所寫，內容卻大有問題，追查發現霍特爾應是誤信騙子之言，寫下該份備忘錄……。」

全球媒體都上當了嗎？很遺憾，只有臺灣這一群傻瓜上當。

「每日郵報」我愛你！

在這一則新聞報導中，有一個值得大家關注的特殊現象——源自「美國」的新聞，我們為什麼會引述「英國」報紙的報導呢？而且不是品質與口碑優良的大報，卻是以八卦聳動著稱的小報。如果編譯國外新聞是國內許多科學新聞的重要來源，那麼**臺灣科學新聞偏好的消息來源到底有沒有問題？**

我曾試著透過有系統的抽樣及比對，分析國內二百多則科學編譯新聞的來源[註4]，結果發現大約六五％的科學新聞編譯自「英國」的媒體，又獨厚《每日郵報》（占五六％）。難怪有人覺得許多科學新聞喜歡以「英國研究指出……」作為開頭，而《每日郵報》更遠遠凌駕英國的《衛報》、《電訊報》（*The Telegraph*）、《獨立報》（*The Independent*）、ＢＢＣ等優質媒體之上，成為臺灣人在編譯科學新聞時的最愛。

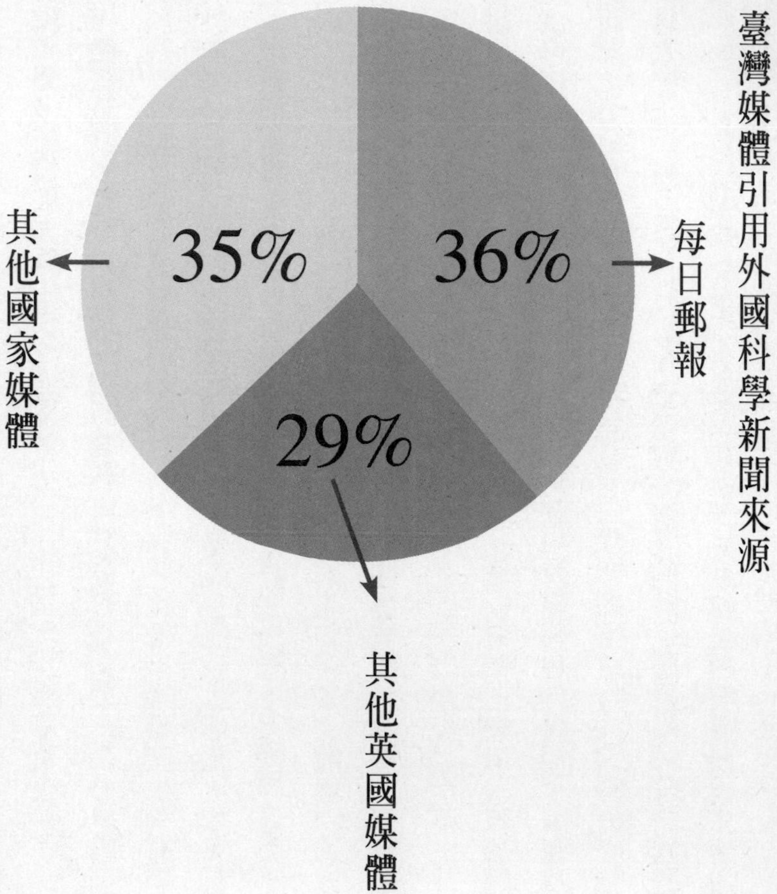
臺灣媒體引用外國科學新聞來源
36%
每日郵報
35%
其他國家媒體
29%
其他英國媒體

《每日郵報》到底有什麼過人之處，如此深受臺灣媒體青睞呢？我曾詢問第一線的編譯記者，發現幾個主要的因素。

首先，《每日郵報》對於科學新聞的寫法十分具有親和力，幾乎是婦孺能解，對於缺乏自然科學知識背景的編譯記者而言，比較不容易產生「有字天書」的恐懼感。再者，他們的科學新聞取材與呈現也比較生活化，如果有機會進入《每日郵報》的網站，就會發現每一則新聞都附有大幅圖片[註5]，不僅方便取用，也很好見報，符合線上記者最主要的工作需求。最後，大家「吃好道相報」，有樣學樣，就像是在玩一場彼此照鏡子的「效應累積」遊戲。

《每日郵報》逐漸成為臺灣平面媒體主管無法割捨的最愛。據第一線編譯記者的說法，記者漏了《紐約時報》的新聞或許不打緊，但如果漏了《每日郵報》的新聞，可是會被海K一頓。

《每日郵報》象徵的是八卦小報的風格，新聞品質自然值得商榷。我曾在研討會中與一位英國科學傳播學者提及此狀況，他無法理解臺灣竟然會以《每日郵報》作為編譯科學新聞的取材對象，當時他的表情只能以「無法置信」來形容。但是對於我們來說，這卻像是家常便飯。

為何媒體寧可捨棄名門大報而獨厚八卦小報，追根究柢所凸顯的仍是臺灣媒體環境中的一些結構性問題。

話說回來，我們也有讓臺灣新聞外銷至《每日郵報》的經驗。在二〇一三年四月，英國前首相柴契爾夫人過世，臺灣竟然有電視臺將英國女王誤認為是柴契爾夫人。只見電視畫面中標題為「英國前首相柴契爾夫人逝世，鐵娘子令人懷念」，畫面卻是還活著的英國女王與民眾夾道握手的畫面。

此舉立即登上了《每日郵報》的網站新聞版面註6，成功讓我們從新聞「進口國」轉換成「出口國」，不知道這算不算是一種另類的「臺灣之光」！在這種令人尷尬的場面裡，可以同時清楚看出國內新聞製作的態度以及《每日郵報》的口味。

重重轉換中的失真

「外星人」的烏龍報導案例，讓我們可以反省一些更為根本的科學新聞編譯問題。從國外進口科學新聞，常常是臺灣社會接觸國際最新科學進展的重要管道，外星人的新聞充其量只能算是偶爾出現的特例，平時牽涉最多的應該是一些科學或科技的最新研究發現。

一則最新科學發展的新聞報導，它的形成過程理應是先由科學家將科學研究的發現刊登在相關的學術期刊上，之後國外媒體從這些浩瀚的科學發現中發掘具有「新聞賣點」的研究加以報導，最後國內媒體再從這些國外新聞報導中選取有趣的題材來編譯給國內的讀者閱讀。

在這些重重轉換的過程，每一個環節都可能讓原始科學研究的意義失真。

科學新聞報導過程

新科學發展 → 學術期刊 → 國外媒體報導 → 臺灣媒體報導

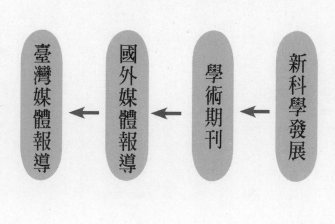

國外的科學傳播研究註7，曾經針對「科學新聞」與「原始科學研究」之間的差距進行相關分析，並且歸納出幾種最可能造成失真的類型。例如：

1. **引用錯誤的來源或訊息**：如果一開始記者就找尋一些旁門左道的科學研究來源或訊息，這種「請鬼開藥單」的錯誤方法，當然足以摧毀整篇科學新聞報導。

2. **報導標題的誤導**：這與「名不符實」的新聞類型一般，為了符合市場的考量，將報導標題重新變更為可能誤導科學研究意義的標題。

3. **太個人式的傳播及消息管道**：報導過程中為了強化某些觀點，找來相關人士現身說法作為背書，有時這些佐證訊息的來源及管道不夠嚴謹及代表性，甚至片面詮釋研究結果而變成誤導。

4. **將猜測當作事實**：將原始研究中尚且存疑、仍不確定或是還有保留的部分，處理為好像已被全盤接受的事實，與原本嚴謹的科學研究過程形成重大落差。

5. **將結果過度推演**：每個科學研究都有清楚的對象，例如，被研究者的年齡、社經地位、種族等限制，如果貿然把研究結果推演至不合理的對象群，就可能嚴重出錯。

6. **較不精確的陳述**：這是科學語言與媒體語言之間，一道很難跨越的鴻溝，因為在編譯過程中，過於生活化的用詞或書寫方式，必然造成科學研究意義不精確，但是寫得太艱澀，又無法讓一般讀者看懂。

除了這些本質上的轉換錯誤，科學研究的發表格式及科學新聞的呈現格式有很大差異，因此轉換中一定有所篩選及省略，無法依據原始研究的篇幅及內容照案全登。

轉換誤差來自於不同程度及性質的「省略」，這些省略究竟「省」在什麼地方，可以說茲事體大。例如：

1. **省略其他重要結果**：可能受限於篇幅或新聞賣點，而省略對於研究有重要意義的其他發現。

2. **省略研究條件、情境及限制等細節**：在複雜的科學研究脈絡中，所對應的研究條件、情境及限制等細節很多，但卻往往不是讀者關心的內容，因此常常被記者省略。有時一些研究結果只適用於特定狀況，當脈絡都被去除之後，常因此被誤認為一體適用。

3. **省略研究方法及過程的細節**：基於讀者常常只想要快速得到問題解答，因此省略對於研究結果具有整體意義的研究方法、設計及過程的細節。

從相關的研究中發現[註8]，我們媒體所挑選的國外科學新聞報導，從「原始科學研究」到「國外新聞報導」的過程，有三個最容易出錯的地方，包括「忽略研究方法及過程的細節」、「較不精確的陳述」及「省略其他重要結果」。而從「國外新聞報導」編譯成「國內新聞」的過程中，失真的原因明顯集中在「省略研究方法及過程的細節」這個類型。

經由臺灣媒體編譯過後的科學新聞，已經是原始科學研究「簡化版」中的「再簡化版」，許多原始事件及研究的情境、條件及限制都在我們所閱讀的科學新聞中消失了，變成是一則純粹且單向度的科學報導。

編譯科學新聞的多重災難

為何我們的記者無法直接編譯科學家原始的研究成果，而非得藉由國外媒體報導來進行現成的翻譯呢？

這個問題一方面牽涉到我們記者在科學知識上的訓練普遍不足，而且國內媒體對於編譯新聞的製作多由國際新聞中心統包負責，因此科學專業背景更為不足。再加上「在商言商」的成本考量，「仰人鼻息」幾乎變成是科學編譯新聞的常態，這樣的過程造就了國內科學新聞編譯獨特的「多重災難現象」。

例如，我們喜歡編譯八卦小報的新聞，但是這些小報同樣對於原始科學研究的訊息過度渲染。他們常從眾多的科學研究期刊中，找尋一些較具爭議性或是話題性的研究主題，之後透過標題及內容的加工，賣力演繹出能引起興趣並具有商業賣點的新聞，如此一來，犧牲某些科學知識的真確性在所難免，這個過程造成了編譯上的「第一重災難」。

當我們的媒體透過買辦的方式從國外進口這些科學新聞，在人力精簡及科學背景不足的狀況下，天天被截稿壓力緊逼的記者，鮮少再檢閱原始研究資料的妥適性。如果這個過程中，編譯人員再擅自加料，就會像前述的外星人事件一樣，讓科學新聞的內涵出現異於常理的質變，形成「第二重災難」。

最後，已經習慣跟隨平面媒體作新聞的電子媒體，就以報紙的新聞作為範本，再集結一些資料畫面、激昂的旁白、煽情的配樂，在剪輯室拼拼湊湊就可以將平面新聞轉換成有畫面的新聞，這造就了「第三重災難」。

臺灣科學編譯新聞多重災難現象

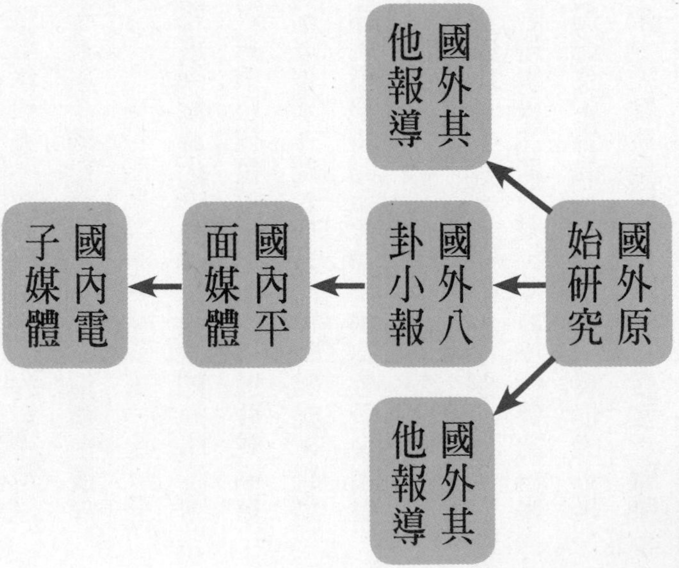

例如，有一則原始標題為「女性理想的腰臀比例，活化男性神經回饋中樞」[註9]的研究報告，經《每日郵報》報導後變成「觀看曲線優美的女性可以帶給男性如同烈酒或藥物般的興奮感」[註10]。一到臺灣，這一則新聞標題就成為「看豐滿女人，男人如喝酒嗑藥」[註11]。這樣的新聞被電子媒體補上一些「重鹹」的畫面後，就成為我們茶餘飯後最容易接觸到的「科技新知」。

臺灣的科學新聞類型，如果用生產方式來作區隔，主要可以區分成「自製稿」及「編譯稿」。自製稿是記者設定議題並進行採訪的科學新聞，它雖然占了臺灣科學新聞報導的大部分比重，但是長期以來偏向跟本地社會情境相關的一些議題。例如，哪個地方的工業汙染、哪個地方的食品安全、哪個地方的傳染疾病等。

而對於最先進的全球性科學發展，則很大比例仰賴外電科學新聞的「編譯稿」來填補。這些尖端科學或科技的訊息，對於社會發展的影響很大，是很重要的科學新聞類型，而且其科學知識密度較高，特別需要細緻及精確的處理。

對於「科學」這種西方近代文明的產物而言，在歐美國家強勢主導的狀況下，「英文」常常是它主要的被溝通語言。例如，主要的科學研究期刊多以英文發表，國際間大型的科學家社群聚會也多說英語，因此最新的科學研究成果雖然可能來自世界各地不同國家，但是最終卻回歸到以西方英語世界為主的溝通平臺。

在這個過程中，一些英語系的新聞媒體便擔負最主要的中介者，扮演了將英文書寫的科學研究轉換成科學新聞的角色。之後，世界上多數的非英語系媒體再透過這些英語系媒體及新聞社的報導，進一步將科學成果轉譯成該國語言。

在這樣的轉換生態下，有時候甚至自己國內科學家的研究成果，都需要透過外電報導才能被國內的科學記者發現，形成了一種特殊「出口轉內銷」的現象。

在西方科學的強勢語言優勢下，多數的非英語系國家常常需要倚靠這種「舶來品科學新聞」來與最新的科技進展接軌，臺灣當然也不例外。

科學及科技的議題向來不是臺灣媒體所精熟及青睞的對象，然而媒體卻又需要透過這類型的新聞來妝點門面，增加專業感及時代感。不難想像為何這種價格低廉的進口科學新聞會充斥市面，成為臺灣尖端科學新聞的主流。

享受便宜貨，就要有付出代價的準備，因此**閱聽大眾更需要有追根究柢的精神，才能從編譯新聞中獲益，並擺脫「多重災難式」的凌遲。**

新聞放大鏡

1. 如果這是一篇編譯自國外的科學新聞，它的來源是哪裡？是具有公信力的國際媒體？還是八卦小報？
2. 一則編譯新聞是否說明原始的研究出處？是否交代相關的研究細節或是事件的發現過程？

註釋：

註1：《每日郵報》的原始標題："Revealed: The secret FBI files that show how police and army officers saw a UFO explode over Utah"

註2：http://www.dailymail.co.uk/news/article-1375493/FBI-file-shows-police-army-officers-saw-UFO-explode-Utah.html

註3：〈FBI外星人檔案烏龍全球媒體上當〉（《聯合報》100.4.15）。

註4：詳參：Huang, C. –J. (2013). Double media distortions for science communication -an analysis of "compiled science news" transforming in Taiwan. Asian Journal of Communication. (printed)

註5：網站請參：http://www.dailymail.co.uk/home/index.html

註6：網站請參：http://www.dailymail.co.uk/news/article-2306182/Margaret-Thatcher-dead-Taiwan-CTi-Cable-uses-footage-Queen-Thai-Channel-5-uses-Meryl-Streep-picture.html

註7：詳參Moyer, A., Greener, S., Beauvais, J., & Salovey, P. (1995). Accuracy of health research reported in the popular press: Breast cancer and mammography. Health Communication, 7(2), 147-161.

註8：同註解4之文獻。

註9：原文：Optimal Waist-to-Hip ratios in women activate neutral reward centers in men

註10：原文：looking at curvy women 'gives men the same high as alcohol or drugs'

註11：〈看豐滿女人，男人如喝酒嗑藥〉（《聯合報》99.2.26）。

Chapter 5

颱風天該不該放假？

——忽冷忽熱的科學新聞

「颱風」是臺灣每年到了夏季的自然現象，每次颱風一來，各個縣市政府就忙於應付——到底什麼時候宣布停班停課？

過去曾有地方政府首長依據氣象局的預報果斷決定「不放颱風假」[註1]，受到各界一致好評；但是這位首長卻因為另一個颱風「太晚放颱風假」[註2]而飽受批評。

地方政府首長不是神，一次放假放得很準，可能是睿智，也可能只是矇到，其中暗藏著難以預料的運氣成分。比較確定的是，只要地方首長決策遭受非議，最終矛頭多指向氣象局預報失準，氣象局往往成為眾矢之的。

那麼，到底要如何預報氣象才不會被罵？氣象科學到底可以準確到什麼地步？氣象預報不準，會不會也是正常現象呢？

颱風新聞三部曲

二○○九年八月八日的莫拉克颱風，應該是臺灣有史以來最嚴重的颱風災害，這個颱風為臺灣南部帶來大量豪雨，造成將近七百人死亡，高雄縣甲仙鄉小林村甚至因為土石流傾洩而幾乎滅村，民眾至今仍歷歷在目。如果氣象預報能夠準確一點，那麼是不是可以早一點疏散人群，避免這麼大的傷亡？

在一個災難事件中，一般區分成「反常階段」、「調查階段」及「回復階段」等三個不同時期，從莫拉克風災的新聞報導可以清楚看出這些區別。

首先，在「**反常階段**」，主要是發現颱風形成，之後就出現關於颱風狀態的報導。例如，氣象局發布各種有關颱風路徑、雨量預測的相關資訊，縣市政府就依據氣象局的預報資料，發布關於各地是否上班、上課等與日常生活狀態相關的訊息。

災難事件三階段

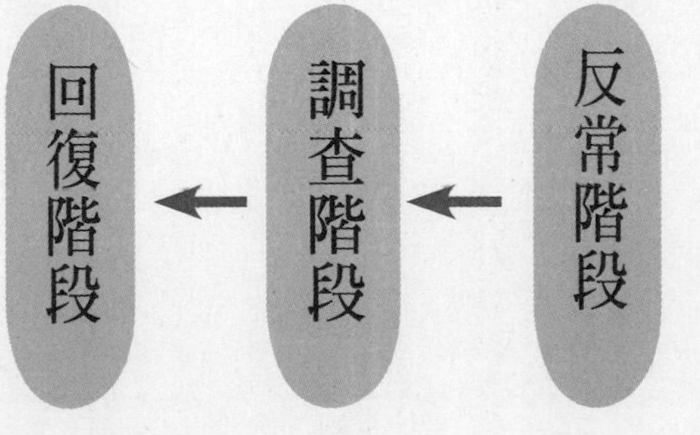

如果風災發生，開始進入「**調查階段**」，大家透過各種管道及訊息來猜想事件發生的原因。由於大部分訊息尚處於未知狀態，因此有各種不同觀點的臆測，這時媒體開始對政府部門進行一些零星的檢討。等到大規模災情陸續傳出後，包括中央政府在內，就會開始說明相關責任歸屬以及與氣象預報之間的關係。

隨著災情明朗，社會逐漸恢復正常運作，這時進入最後的「**回復階段**」，也就是透過整起事件的後續分析及調查，給予最終交代及說法，以思考如何面對下一次颱風來襲。

如果我們回顧颱風來襲的過程，在媒體中最常出現的就是警告災情、抱怨政府、臭罵氣象局等不斷循環的橋段。在上述不同階段中，媒體監視著各部門是否在哪個環節中失職，往好處想，這是幫民眾的權益以及身家性命的安全把關，至於把關的品質如何，需要另當別論。

如果預報準一點，官員會去吃大餐嗎？

依照前述颱風新聞三部曲，莫拉克颱風初期的「反常階段」，當大家都還搞不清楚災情多嚴重時，新聞一直在討論「哪個縣市早放假了」、「那個縣市太晚宣布了」，因而造成民眾的不便[註3]。這是一個揮之不去，每次颱風來媒體都玩的老梗。反正只要放得不準確、不確實，就要大肆批評。當你把麥克風湊向一個因為突然宣布放假而急急忙忙去接小孩放學的家長，哪一個不是氣急敗壞！但這種老掉牙的戲碼，媒體似乎百玩不厭。

進入莫拉克颱風的「調查階段」就異常熱鬧了，由於這是一個十分罕見的巨大天災，國家蒙受始料未及的變故，當然也是媒體藉機炒作的最佳題材。這時一定要找個「負責人」來為這些損失扛責，媒體第一個找上的當然是為民服務的公僕，但是馳騁沙場已久的政治人物絕不是省油的燈，此時「氣象局」就是最佳墊背。

例如，當時的總統首先發難，點名氣象局一直上修雨量，根本沒能精準預測降雨[註4]。開始有媒體比較臺灣氣象局與CNN電視臺、日本氣象廳的預報差距，直稱CNN報導的準確度KO了氣象局的預報[註5]。一些立法委員的訪問都指出，因為氣象局預估錯誤，才會讓南臺灣放鬆了警戒，釀成這樣慘重的災情，陸續開始出現要調查氣象局是否失職的聲音。

到了最後的「回復階段」，監察院為了檢討這次風災中相關單位的政治責任，其中一項打算針對氣象局預報失準進行彈劾。監察委員直接點名說：「如果不是氣象局預報失準，當颱風來臨時就不會有重要官員還跑去吃父親節大餐，也不會有行政院院長還跑去理頭髮的情事發生。」註6追根究柢，就是因為氣象局的怠惰與失準，造成了這一次的災害。監察委員甚至質疑氣象預報過於制式，不夠口語、大眾化，導致民眾無法第一時間瞭解風雨的嚴重性註7。

這些指控惹惱了在風災過程中擔任氣象局預報中心主任的吳德榮先生，並引發他提前退休的打算。吳主任這個不如歸去的決定不僅引發了惋惜，更開始有人幫氣象局講話，有資深的重量級科學家就指出：「氣象局預測有八百毫米雨量，並沒有失職，且氣象預報原本就有其極限，村、鄉、縣聽到後並沒有疏散居民……政府罵氣象局，根本是為了『轉移目標』……。」註8也有媒體開始聲援氣象局：「……氣象科學專業，難敵政治口水及壓力，讓擁有三十年豐富經驗的氣象專才吳德榮求去；氣象局雖然多次以『科學的依據』及『氣象學的限制』對各界解釋，卻仍遭監察院調查……。」註9也有報導指

出：「……吳德榮用提前退休給臺灣上一堂重要的課，那就是現有科技仍有極限，氣象預報無法做到百分百準確……。」註10

同年十月，監察院調查工作正在進行時，又來了一個盧碧颱風，這一次氣象局終於揚眉吐氣，成功預測了這個颱風行進的路徑，並且比其他國家準確許多。

相關新聞報導的標題變成：「盧碧往北領先美中，吳德榮最後一役贏得漂亮」註11或是「準確預報盧碧轉向，我領先各國」註12等。

有一家報紙的內文指出：「……氣象預報中心吳德榮……

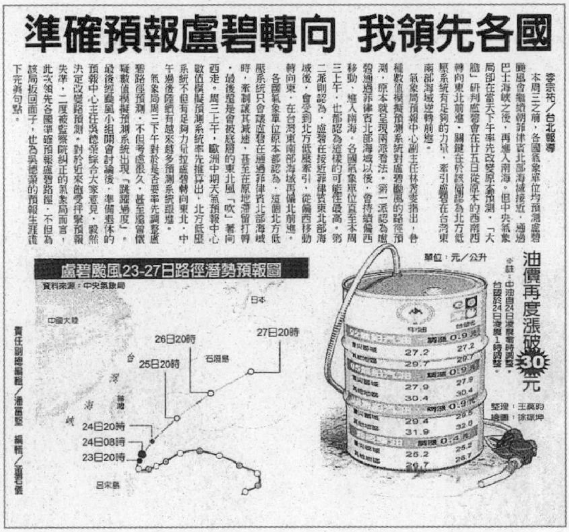
準確預報盧碧轉向　我領先各國

李宗祐／台北報導

本周三之前，各國氣象單位均預測盧碧颱風會繼續朝菲律賓北部海域接近，通過巴士海峽之後，再進入南海。但中央氣象局卻在當天下午率先改變原本預測，「大膽」研判盧碧會在廿五日從原本的西南西轉向東北前進，關鍵在於該局認為北方低壓系統有足夠的力量，牽引盧碧在台灣東南部海域逆轉前進。

氣象局預報中心副主任林秀雯指出，各種數值模擬預測系統對盧碧颱風的路徑預測，原本就呈現兩派看法。第一派認為盧碧通過菲律賓北部海域以後，會持續偏西移動，進入南海。各國氣象單位直至本周三上午，也都認為這樣的可能性最高。第二派則認為，盧碧在接近菲律賓東北部海域後，會受到北方低壓牽引，從偏西移動轉向東，在台灣東南部海域再偏北前進。

各國氣象單位原本都認為，這個北方低壓系統只會讓盧碧在通過菲律賓北部海域時，牽制讓其減速，甚至在原地滯留打轉，最後還是會被底層的東北風「吹」著向西走。周三上午，歐洲中期天氣預報中心數值模擬預測系統率先推算出，北方低壓系統不但有足夠力量拉盧碧轉向東北，中午過後陸續有越來越多預測系統跟進。

氣象局周三下午對於是否要率先調整盧碧路徑預測，不但考慮很久，甚至還曾懷疑數值模擬預測系統出現「跳躍過度」。最後經颱風小組開會討論後，準備退休的預報中心主任吳德榮綜合大家意見，毅然決定改變路徑預測。對於近來飽受抨擊預報失準，二度被監察院糾正的氣象局而言，此次領先各國準確預報盧碧路徑，不但為該局扳回面子，也為吳德榮的預報生涯畫下完美句點。

準確預報盧碧颱風，我領先各國？

帶領同仁正確修正盧碧颱風北彎路徑，領先美國專家兩天時間，漂亮地打贏氣象預報生涯的最後一戰……。」[註13]另一家這樣說：「……準備退休的吳德榮……毅然決定改變預測路徑，對於近來近來飽受抨擊預報失準，二度被監察院糾正的氣象局調查，此次領先各國預測盧碧路徑，不但為該局扳回面子，也為吳德榮的預報生涯劃下完美句點……。」[註14]

因為莫拉克颱風報導不準，而被修理得滿頭包的氣象局，短時間內卻又搖身一變，成為「領先各國」、「扳回面子」並「一吐怨氣」的民族英雄，從兩個月前人人喊打的「俗仔」，瞬間蛻變為成功預報的強者，這「狗熊變英雄」的故事，大概只有好萊塢的「麻雀變鳳凰」差可比擬。

氣象報不準，是無能？還是無法？

探討哲學「歸納法」的謬誤時，許多老師最喜歡舉「歸納者火雞」的例子。一隻火雞透過歸納法來預測牠的人生，這個建立在錯誤前提上的歸納法，錯得很離譜。雖然我們與人相處、判斷事務、規畫人生，很多都仰賴邏輯歸納，但我們必須瞭解它不是萬無一失。

氣象科學在預測天候時，同樣是一個歸納的邏輯。以目前氣象預報科技所倚賴的「數值預報模式」為例，先有個「大氣運動會遵循一定的物理法則」的預設前提，之後科學家透過各種觀測資料的累積與修正，來建構這個由許多數值為基礎所歸納的「模式」。下次有颱風來了，就把相關資料丟進去這個模式中，從它運算出來的結果來「推測」這一個颱風可能的路徑。這個運算的過程，就像跟過去所歸納的結果進行比對一樣。

如果累積的資料及經驗很多，這個模式就可能準確一些。但就如同「歸納者火雞」會遭遇的問題一樣，前一

歸納者火雞：

有一隻火雞，自從出生就生長在一個溫馨的家庭裡，照顧牠的主人每天都會按部就班餵養牠好吃豐盛的食物。這些習以為常的日子一天過一天，火雞透過歸納法的邏輯，推算出牠應該是一隻命好且非常幸福的火雞。直到一個聖誕節前夕，主人沒有像過去一樣的把食物帶進房裡給牠，反而是把火雞抓出去宰了，成為當晚的聖誕節大餐。

次準、前前一次準，也無法擔保下一次一定準。影響氣候的因素何其複雜，每一個小小的初始值變化，都可能造成最後預測結果的大分歧。這個「模式」是由氣象專家一點一滴歸納出來，不是上天「昭告」人類的，所以它隨時有錯誤及不準確的可能性。而一個理想的颱風預報要素應該包括：準確的初始值、合理的數值天氣預報模式、超級電腦快速運算等。

理想颱風預報要素

歸納法原本就無法擔保「氣象預報模式」絕對正確，在動輒以百年論的「氣候」觀念裡，臺灣的相關雨量觀測數值，最久也不過五十年光景。在這些極為有限的「數值」條件下，去預測大範圍的「氣象」狀況，氣象專家坦

言，莫拉克颱風期間，氣象局不斷上修雨量數值，與其說是預測能力不足，事實上是過去根本沒有類似的經驗，所以缺乏預測能力[註15]。

氣象預報到底可以準確到什麼程度呢？以莫拉克風災為例，臺大大氣系講座教授指出：「面對莫拉克颱風帶來破紀錄的雨量，由於沒有科學經驗為基礎，就算用電腦跑的數值模式，也不可能一開始就估算出兩千毫米的雨量。」另一位大氣科學系教授則指出：「目前科技、氣象變化主要靠數值模式推估，我們最大的問題是氣象觀測資料不足，追風計畫的觀測點太少，要準確預測是非常困難的。」

這些科學家的專業意見都說明了一件事——**科學再怎麼進步，仍然有其極限，這個極限理應讓人類更加謙卑**。氣象預測不準確，很難用「怠惰」、「失職」這麼簡化的原因下結論，不準是某種程度上的「必然」。

科學新聞為何無法「一路走來始終如一」？

臺灣媒體是一個在政治上具有忠誠度的單位，挺藍的就一路挺藍，挺綠的就一路挺綠，打死不退。但是在科學新聞的報導上，卻缺少了這種「一路走來始終如一」的一致性。媒體常常不清楚科學與科技的效果及侷限，所以很難用一致的觀點來檢驗或評論科學的功過。

在莫拉克颱風事件中，可以發覺媒體對於「氣象預報是不是正確」並沒有清楚的檢驗標準，常常隨著社會氛圍起舞。

從過去所累積的經驗來看，媒體對於氣象預報的檢驗，可以依據「是否造成嚴重災情」而區分成兩種樣貌。如果「災情不嚴重」，媒體大概就是檢討一下哪個縣市政府宣布停班停課的時間太早、導致家長接送不便等；不然就是拿氣象局的預報結果與國外的CNN、BBC、NHK互相比較一下，準確就大吹大擂，不準確就冷嘲熱諷。

但是如果「災情嚴重」就不得了，不管中央或地方政府所負責的每一個工作環節都會被放大檢視，當這些被盯上的單位亟欲脫險，最後一道逃生防線往往就是把責任推給「預報不準的氣象局」。甚至有人指責氣象局的預報用詞「不口語化」，不像美國CNN預報所使用的詞彙「比較貼近民眾感受」，所以才讓民眾疏於防範。這些五花八門的指責，最後也讓氣象局亂了套，甚至一度考慮找一些面貌姣好的「氣象妹妹」來報氣象[註16]。其實這個模式就是：不管預測有多準，只要災情嚴重，氣象局就準備「剉著等」！

颱風新聞只是媒體檢驗標準中的冰山一角，大部分的尖端科學發展報導，常常讓大家處於精神分裂的狀況。例如，吃維他命C究竟對感冒有沒有幫助？有媒體的標題是：「治感冒補充維他命C多喝水」[註17]，也有不同的媒體說：「研究顯示：維他命C對防治感冒沒有幫助」[註18]。

看偶像劇對兒童的影響呢？有報紙在頭版標題寫：「臺北國泰醫師：孩童常看偶像劇易性早熟」[註19]，同一天的第六版標題卻寫：「兒童看偶像劇性早熟？醫師斥無聊」[註20]。

吃阿斯匹靈呢？有報紙標題斬釘截鐵地寫著：「日吃阿斯匹靈可防癌」[註21]，同一天的電視新聞畫面字卡卻寫著：「吃阿斯匹靈『防癌』？醫：恐胃潰瘍」[註22]。

吃鮭魚呢？透過美國《時代雜誌》的報導，鮭魚是世界衛生組織所推薦的「十大最健康食品排行榜」第六名[註23]，這訊息在許多網路新聞中流傳至今，但是日前報導鮭魚所代表的大型魚類又榮登「十大危險食物」第三名[註24]。

不管是本地自己製作的新聞，或是翻譯自外電的新聞，偶而勾勒出一個

十大最健康食品排行榜

1. 番茄
2. 菠菜
3. 堅果
4. 花椰菜
5. 燕麥
6. **鮭魚**
7. 大蒜
8. 藍莓
9. 綠茶
10. 紅酒

十大危險食物排行榜

1. 花生粉
2. 香腸
3. **大型魚類**
4. 珍珠奶茶
5. 生菜沙拉
6. 咖啡
7. 炸雞排
8. 豬肝、豬腎
9. 涼麵
10. 貢丸、魚丸

美麗的新世界，昭告最新科學進展可以提升我們的生活，偶而卻告訴我們過去的美好想像只不過是一場幻影，聽聽就好。這些標準不一的口吻及評論，如果出現在國外的科學編譯新聞，會讓新聞變成妝點門面的空殼子；如果作為監督國內重大議題的科學新聞，則將淪為政治操作的代罪羔羊。

我們的媒體在報導這些議題時，缺乏對於「科學活動本質」的理解，簡單說就是不瞭解科學活動的過程及性質，不瞭解科學產物的效果及侷限。如果媒體從業人員可以大概地瞭解科學有**「已成形科學」**（**science already made**）及**「形成中科學」**（**science in the making**）之分，狀況就會改善很多。

好比「吸二手煙對肺不好」這件事，科學界或民眾已經有共識，是一種比較確定的科學。但是對於一些進行中，或是尚在測試階段的科技發展，這些產物往往具有侷限性、暫時性及爭議性，因此需要有所保留。例如，還在臨床研究的藥物、複雜氣候的預測、推翻古典理論的實驗發現等，這些議題是「很確定的科學」及「完全無知的現象」之間，所存在的灰色地帶，正有許多科學家前仆後繼研究中。這是成熟科學必經的過程，媒體需要多些耐心，而不是廉價吹捧或苛責。

有一年媒體收到歐洲核子研究中心（CERN）的最新研究訊息，指出科學家在研究中發現微中子（neutrino）移動速度比光速還快。如果這一項實驗結果屬實，將推翻愛因斯坦相對論中「宇宙裡沒有任何物體可以快過光速」的基本預設，而造成許多科學定律重新改寫。

媒體大張旗鼓報導，標題類似：「歐科學家實驗驚見微中子比光速快，挑戰相對論」[註25]，或是「比光速更快，微中子推翻相對論？」[註26]，或是更篤定一點的「微中子比光快，推翻《相對論》」[註27]。從「挑戰」到「可能翻轉」，再到「已經推翻」，各種程度的報導都有，推翻相對論儼然是指日可待的事情，甚至連「時空旅行」可能成真的報導都出來了[註28]。

但這件事距離相對論被推翻還有一段很長的路，首先，這個實驗需要能在不同地方被重複證實，經過多人確認其正確性，才有可能再進入相對論的探討。這是一個緩慢而需要逐漸累積的過程，可不是像一場互毆的擂臺賽，愛因斯坦一下子被打趴在地上，裁判數十秒後就可以立即判定他出局。

公布上述研究報告的單位及科學家，說明他們的用意並非宣告相對論失靈，而是希望透過公開相關數據及過程，讓其他科學家協助驗證。果不其然，

科學二三事

微中子是物理學談論的基本粒子之一，它的特質是不帶電，而且可以輕易穿過普通物質而不發生反應，你可以想像就在閱讀這段文字同時，就有許多微中子穿越我們的身體嗎？

大約九個月之後，同一群科學家經過多次檢驗，修正了原本的研究結果：「微中子速度並沒有比光速快。」他們發現當時是因為測速用的全球定位系統和連結電腦的光纖纜線接頭鬆動了，才影響微中子測速的結果。在這期間，歐美也有其他三個研究團隊的報告指出，微中子速度和光速並沒有明顯差別。但這一些修正的新聞，在國內就沒有引發熱烈報導。其實，不是愛因斯坦的相對論永遠不會被推翻，而是它不會以這種「忽冷忽熱」的面貌展現出來。

如果記者在報導這些議題時，對於科學發展背後的過程有一個概括的理解，就會知道**現在看似驚人的發現，其實都需要經過時間的淬鍊，並非只要出自於科學家之手，就是通往真理之路的一把必然鑰匙。**

如果有這樣的認知，在報導或監督相關議題時，就會謙卑與小心援用科學的理論及學說，對於科學家的貢獻及侷限也會有公允的對待。有了這樣的認識，科學家才不會把媒體記者視為洪水猛獸，深怕一不小心自己的清譽就被媒體記者摧殘了。

如果像氣象局預報中心主任，這樣一個需要經過長期間知識及經驗累積的工作，因為一次理盲且濫情的風災操作就被迫辭去，這是國家社會難以彌補的損失。

所以，颱風天該不該放假呢？天有不測風雲，說不定我們多點耐心及包容，才是個保平安的好對策。

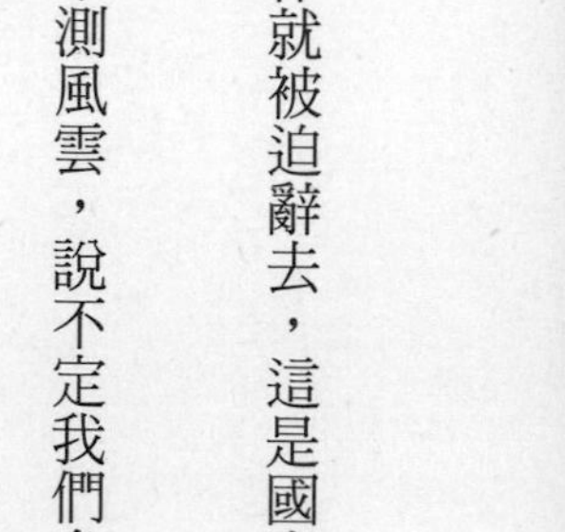

1. 新聞中對於類似的科學主題，檢驗與評論的標準一樣嗎？是否受到社會氣氛、政治操作的影響？
2. 你的印象中，曾經有一種食品，最新報導偶而鼓勵你能吃、偶而警告你不能吃嗎？或曾經有一種藥物，最新研究偶而說有效、偶而說沒效嗎？

註釋：

註1：〈南部僅臺南上班上課，網友挺賴清德〉（自由電子報，101.8.24）http://ppt.cc/5880

註2：〈「德神」遭嗆印證天有不測風雲〉（《中國時報》，102.8.30）。

註3：例如：〈颱風假放不放，七縣市決策急轉彎〉（《聯合報》，98.8.8）或是〈颱風急轉彎北北基挨轟〉（《自由時報》，98.8.9）。

註4：例如：〈馬批預報不準，氣象局道歉〉（《自由時報》，98.8.11）或〈天災？人禍？馬點名氣象局水利署究責〉（《中國時報》，98.8.10）。

註5：例如「…CNN氣象主播七日就曾預測，這次雨量非常大…有民眾認為，CNN預報『超級颱風』真是神準…」（《自由時報》，98.8.10）。

註6：例如：〈經濟部長主管水利，救災期間吃好料，尹啟銘認了〉（《自由時報》，98.8.22）。

註7：例如：〈《88水災誰之過氣象預報篇》氣象局要講民眾聽得懂的話〉（《中國時報》，98.8.24）。

註8：〈學者：臺灣社會濫情又理盲〉（《聯合報》，98.9.3）。

註9：〈傲慢政府踐踏優秀公務員〉（《自由時報》，98.10.20）。

註10：〈吳德榮：預報不是百分百〉（《中國時報》，98.10.31）。

註11：〈盧碧往北領先美中，吳德榮最後一役贏得漂亮〉（《自由時報》，98.10.24）。

註12：〈準確預報盧碧轉向，我領先各國〉（《中國時報》，98.10.24）。

註13：同註釋11。

註14：同註釋12。

註15：詳參柳中明（2009），〈莫拉克颱風的震撼與省思〉，《科學月刊》，477，646-647。

註16：參考「辛在勤：找氣象妹妹教預報」（《中國時報》，98.10.20）。

註17：〈補充維他命C多喝水〉（《聯合報》，97.12.21）。

註18：〈研究顯示：維他命C對防治感冒沒有幫助〉（中廣，98.11.16）。

註19：〈臺北國泰醫師：孩童常看偶像劇易性早熟〉（《中國時報》，100.7.27）。

註20：〈兒童看偶像劇性早熟？醫師斥無聊〉（《中國時報》，100.7.27）。

註21：〈日吃阿斯匹靈可防癌〉（《蘋果日報》，101.3.22）。

註22：〈吃阿斯匹靈『防癌』？醫：恐胃潰瘍〉（東森新聞，101.3.22）http://ppt.cc/DnyV

註23：〈十大最健康食品排行榜〉（大紀元，92.10.14）http://www.epochtimes.com/b5/3/10/14/n393143.

htm

註24：〈醫師警告花生粉珍奶生菜十大危險食物「恐吃進過多毒素」〉（《蘋果日報》，102.10.28）。

註25：〈歐科學家實驗驚見微中子比光速快，挑戰相對論」〉（《自由時報》，100.9.24）。

註26：〈比光速更快微中子推翻相對論？〉（《中國時報》，100.9.24）。

註27：〈微中子比光快，推翻《相對論》〉（《蘋果日報》，100.9.24）。

註28：〈微中子比光速快？時空旅行將不再是科幻情節〉（中央社，100.9.23）。http://ppt.cc/ggn-

Chapter 6

每天看美女，男生可以多活五年？

——忽略過程的科學新聞

「每天看美女，男多活五年！」註1

這篇刊載在《蘋果日報》的報導說明，這項科學研究針對二百名男性進行為期五年的觀察，得到的結論是：每天都能凝望漂亮女性的男性，血壓相對較低，脈搏跳動較慢，心臟疾病也較少，平均壽命可以延長四到五年。

這項研究，對於許多大型健身房應該是重要威脅，因為與其辛苦訓練，還不如找個美女經常出沒的百貨公司或高級飯店，找好位置坐定，仔細端詳。

「每天看美女」，這個實驗怎麼做？

這一篇有趣的研究，聲稱出自《新英格蘭醫學雜誌》，研究人員說：「如果男性彬彬有禮地凝視美麗的女性，這個過程就像欣賞一幅絕美的風景。」依據研究推估，凝視美麗的女性十分鐘，健身效果相當於做了三十分鐘的有氧運動。

之後這則新聞也訪問了一位身心科的主治醫師，醫師表示男性突然見到美女會使自律神經亢奮，造成腎上腺素分泌多巴胺，因此可能出現心跳過快、臉潮紅、手腳冰冷等現象。如果每天都能見到美女，大腦中的迴路控制

科學二三事

多巴胺是一種腦內的分泌物，是用來幫助細胞傳送訊號的化學物質。它主要負責大腦的情慾及感覺，可以傳遞興奮及開心的訊號，所以也跟人類為何會有「上癮」的這種心理現象有關。多巴胺如果失調，可能會讓人失去控制肌肉的能力。

機制會使腦中產生好的情緒記憶，情緒中樞保持穩定狀態，並讓這些男性對人生更有期待。

醫師的說法符合大多數人對於美好心情的期望，沒有理由不相信「看美女」對於增進生活情趣的幫助。不過，這位醫師從頭到尾都沒有針對這個「科學研究」是否合理表示意見喔！

如果民眾可以把新聞讀到這種地步，也就不枉編譯人員的辛苦報導，而相信研究結果的讀者，應該會身體力行，努力透過這種「眼部運動」讓自己身體變健康。

但是請停下來稍微想一下：「這個實驗到底是怎麼做的？」例如，「二百位男性每天看美女」這件事要怎麼達成？我曾經找大學生來協助想像，這個研究最有可能怎麼做？

最後歸納得到幾種比較可能的研究設計：

1. **找尋一般自願者然後用實驗方法控制**：例如，透過一般場合徵求二百名男性參與研究，請他們在每天的某些固定時段，收看美女的照片或影片，每次維持三十分鐘、持續五年。之後再定期收集這群男性的心跳與脈搏資料，去比對全國健康資料庫中的平均值，以此推算這群男性可能延長的壽命。

這樣設計的缺點是：看照片及影片恐怕與看「真人」的效果不同；這些男士雖然定時看美女照片，但生活周遭的美女可能不多，造成效果抵銷；因為實驗時間很長，其他生活的變數難以控制。

2. **找尋工作或生活場合就有許多美女的男性**：例如，徵求在模特兒公司、航空公司或是演員經紀公司上班的男性工作人員，或是另一半就非常漂亮的男人。然後同樣經過五年的健康資料收集及調查，再對照其他母群體的平均值，推算可能延長的壽命。

可能的缺點是：每個人對於「美女」的定義不同；說不定有人樂見模特兒公司的鶯鶯燕燕，有人並不喜好此道；再者，為期五年的時間很長，如何處理人員的流失，如何處理「新鮮感」的疲軟。（同一個美女看五年仍美嗎？如果中間夾雜許多工作或生活上的摩擦呢？）

3. **找尋邊界條件可以完全理想控制的場所（可以將情境進行特殊控制的場**

合）：例如，徵求二百名臨終的男性病患，之後一百人安排在醫院的A棟，另一百名安排在B棟。然後A棟找年輕貌美的實習護士來服務，B棟就作為對照組，找資深的護士長服務病患。如此經過五年後，再來比較兩邊病患往生的比例。這看起來應該是最能明確控制變因，且符合準研究設計的一種安排。

缺點是：如此對待臨終病患符合研究倫理嗎？（應該研究還沒有發表，研究人員就先上新聞了吧？）就算排除萬難讓一切都這樣進行了，標題中的「男」是否得置換成「臨終男」才比較合理呢？

這個研究讓人覺得無法實際進行。但在來不及求證的狀況下，當天晚上的電視新聞就剪輯了許多養眼美女及科學家做實驗的資料畫面，拼拼湊湊強化了這一則新聞的效果。不過也很快地，隔天這一則新聞的正確性就被另一家報紙踢爆，有傳播學者質疑這個研究的可行性及合理性。

經過仔細查證之後，《新英格蘭醫學雜誌》果然沒有相關的研究發表，該報紙所引述的其他消息來源，同樣沒有交代相關研究的具體作法。再隔一

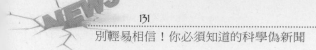

天，《蘋果日報》自己在「錯與批評」的專欄中，坦承這是一個網路上面的錯誤訊息，目前並沒有醫學期刊報導這類的研究結論，並為疏於查證向讀者致歉。

短短幾句道歉，看到的人不多。我們似乎從未在電視新聞中看見媒體對於前一天的錯誤報導進行更正或說明，把科學新聞當作娛樂新聞看待，應該也算是臺灣一種特有的媒體樣貌。

倒洗澡水，小心不要連嬰兒也倒掉了

經過三年後，「中廣新聞網」竟然又出現「男性每天看美女數分鐘，或可延壽四至五年」[註2]的報導，內容幾乎與三年前《蘋果日報》一模一樣，想不到這樣的新聞在幾年後還可以透過借屍還魂的方式重新上市。而《蘋果日報》還是繼續出現像「金髮美女會讓男人變笨」[註3]的新聞，似乎沒有從錯誤與批評中得到太多教訓。

科學過程裡有很多細節的演變，其中包括科學家面對各種未知而嘗試錯誤的過程。

有時科學家努力投入某個研究，很可能只為了把某一個數值從原本的小數點下第三位推進到第四位，這樣的過程就耗費了他一輩子的努力。如果為這個「結果」講一個故事，可能三言兩語，如果要為這個「過程」講一個故事，可能是三天三夜。**科學的過程與結果同樣重要，也同樣迷人，但是偏偏「新聞」要的是「結果」，卻不在意「過程」。**

科學新聞中的許多謬誤，就是從「原始研究」到「新聞報導」的過程，過度被「簡化」所衍生的問題。這就像是在倒洗澡水時，連嬰兒也一起倒掉的烏龍。新聞報導的「科學過程」就像這個可憐的小嬰兒，原本該是科學新聞中的靈魂人物，但是在科學新聞縮減報導篇幅的操作中，被不明就裡的媒體工作人員，連同不必要的洗澡水一起倒掉了。

科學新聞如果沒有適度交代關鍵的科學過程及研究情境，很容易就會把有意義的科學研究變成一齣荒謬劇。例如，一則新聞說「美研究：睪丸越小父愛越濃」[註4]，報紙僅用一百九十八個中文字來報導這一個新聞，大意是說美國一所大學的研究指出，「睪丸大小」和「父愛程度」有關連。

報導提到這個研究是針對七十名二十一～五十五歲、與伴侶或妻子同住，並育有一～二歲孩子的爸爸們來進行研究。結果發現父親的睪丸愈大，參與育兒事務的機會就越少；而睪丸較細小的男性，對於育兒事務較「有感」，看到小孩子的照片也較願意談論「爸爸經」。

大家應該有一些疑問，例如，睪丸大小怎麼量？如何判斷父愛？如果不知道這些意義如何在研究中被界定，恐怕很難直接應用在生活的情境中。這不免讓許多人覺得又是一則把大家「莊孝維」的報導。

如果仔細檢視這一篇科學研究，其實是很有趣的研究設計，相關的推論也很有意思。研究人員找來七十個與伴侶同住的新手爸爸，透過核磁共振攝影（MRI）測量受試者的睪丸大小（真的是精確測量），並且依據睪丸的大小分組。之後給這些不同組別的爸爸看自己孩子的照片，同時再進行腦部斷層掃描，比較他們的反應。

研究發現，睪丸小的父親看到孩子的照片時，腦部「正向回饋區」的反應會比睪丸大的父親來得強。其實研究人員設計這個實驗，是想從認知心理學及生物學的角度，去找尋雄性特徵在生物學上的科學證據。因為睪丸的大小與睪固酮的含量有關，而睪固酮愈多雄性特徵往往就愈明顯。

這個研究透過嚴謹的實驗設計，察看人類的社會表徵及生物性之間的關連性，是一個很有價值的科學研究結果。但在我們的新聞省略掉大部分的科學過程之後，卻讓整篇報導變成一齣鬧劇，相關的標題還包括：「男人蛋蛋小父愛比較濃？」[註5]、「美國研究：小睪丸越會是好爸爸」[註6]、「研究：睪丸小的男人比較是好爸爸」[註7]。

當我們把一些科學研究精華像洗澡水一樣倒掉之後，就只剩下千瘡百孔、殘缺不齊的科學新聞了。

每個人都能進行的思想實驗

在這個強調客製化訊息的通訊時代，許多科技設備的設計已經方便到讓人們揚棄原本大腦被賦予的功能，被動讓訊息填塞，不太用腦筋去思考一些問題的基本合理性。這種直覺判斷能力的喪失，使我們很容易被良莠不齊的科學訊息誤導。

在物理學發展的過程中，有一種科學家賴以思考的方法叫做「思想實驗」。大致上就是運用個人的想像力，在腦海中預想一種在現實狀態下無法做到的實驗場景。例如，想像一個平滑、無摩擦力的地面或球體等，再推想這種狀態之下物體會如何發生運動，伽利略與愛因斯坦都有過十分著名的思想實驗案例。

一般民眾也可以進行思想實驗，嘗試用自己的邏輯思維來判斷一些科學報導的合理性，只要能夠試著去「猜測」那些隱而不宣的研究過程，大概就成功了一半。**如果科學研究的細節總是在「篇幅變短」的科學新聞報導中被簡化，那麼懷疑、挑戰、想像這些環節，就該是每個人在閱讀新聞時的重要思考。**

科學研究的過程，不外乎幾件事：**理論假設是什麼？參與的對象是誰？偵測的儀器是什麼？**在這些最基本的認識之下，每看見一則最新研究的科學新聞報導，就可以在自己的心中設想一個簡單的思想實驗。例如，日常生活中會有許多與健康相關的新聞，類似「研究：每日一蘋果，減少動脈硬化風險」註8這種吃什麼好、吃什麼不好、怎麼吃會健康、吃多少會健康的研究報告。

在依據它的建議行動前，或許可以先猜猜看：誰參與這個研究實驗？多少人？這些人是老的？小的？男的？女的？是否具有代表性？之後更可以進一步去推測研究的控制方法，例如，如何控制一天吃一個蘋果？如何擔保其他因素不會對實驗發生影響？蘋果多大顆？多重？品種呢？何時吃有沒有影響？

最後再想想如何檢測成果，例如，動脈硬化如何檢測？量脈搏、血壓、膽固醇嗎？何時量？持續多久？追蹤多久？當這些可能的質疑及猜測相互組合後，往往就可以拼湊出這個研究的可信度。

再例如，存心挑起族群對立的報導：「研究：男性倒車入庫能力優於女性」[註9]，光看標題就像宣告女性開車技巧已經無可救藥。請你思考：多少人參與這個研究？如何找到這些人？如何測

科學研究過程的重要元素

- 理論假設
- 參與對象
- 偵測儀器

試「倒車入庫」的技巧？

抑或是「研究：霸道上司較易出頭天」註10，這種報導存心製造下屬及上司的衝突，想想「霸道」該怎麼在研究中界定？讓受試者自己填問卷看看自己霸不霸道嗎？讓下屬自己認定自己的上司霸不霸道？從一堆歷史資料中做一些事後諸葛的分析就變成這篇「研究」？還是，這樣的結果及推論根本無須「研究」，我們用膝蓋想也知道？

如果民眾在閱讀這些被包裝得「四平八穩」的科學訊息時，可以先在心中猜測一下這些問題，再對照新聞報導中對於這些狀況及數據的描述，「暫時存疑」都會比無條件的接受要來得好。

民眾的思想實驗其實就是一種「猜猜看」的能力，我們在習慣科學權威的狀況之下，多數人遺忘了這種猜想的能力。殊不知，許多的科學報導是狐假虎威，金玉其外、敗絮其中，閱聽人可千萬不要被唬了。

當「科學研究」變成一道高牆

編譯的科學新聞經過層層轉換，轉換愈多就失真愈多。記者總是刻意省略自己不在行的部分，「科學過程」當然成為最先被犧牲的內容。我們都會因為新聞主播光鮮亮麗的外型與斬釘截鐵的口吻，而覺得他們句句真言。我們也習慣把烙在新聞紙上的黑色印刷字體當作是真實世界的反映。這些對於大眾媒體所抱持的不切實際信任感，一部分來自於大家普遍悲慘的人生，因為多數人在結束一天緊湊與忙碌的工作或課業後，很少能認真看待這些科學新聞。

另外，在我們過去的科學學習過程中，科學教育「智識啟蒙」的功能，似乎總是跟不上它「社會篩選」的功能，也就是說科學考卷上的成績，它的意義總是高過我們是不是真正從這些知識中獲得學習的樂趣，這些狀況是許多人心中的遺憾與痛楚。

在每個人的科學學習歷程中，我們常被鼓勵吸收許多可以應付考試的「科學知識」，但是對於科學家如何從無到有、構想一個理論、設計一個實驗、驗證一個結果、運用一套科學方法或工具，卻沒有認識。

我們所學習的科學常常像是一個從天而降的「產品」，**為何人類文明形成的過程中，某些科學理論會被寫進教科書？多數人根本不曾意識到這問**

題。在填鴨式的科學教育之下，我們不被鼓勵挑戰科學的權威，而是把科學家的「成果」當成聖旨，盡情享受科學與科技帶給我們的美好。

許多科學家之所以醉心於科學研究，常常是因為在摸索未知的過程，得到了趣味。但是教室裡的科學教育受制於「考試領導教學」，常僅強調也僅保留了那些抽離個人特殊經驗的「套裝知識」。當對於許多事物都保持著「視之為理所當然」的態度時，我們就少了追根究柢的精神。

於是，如果身體有些病痛，我們希望從醫藥新聞中立即獲得「有沒有效」、「該不該吃」、「會不會死」之類的速成答案。媒體剛好利用民眾關心切身事務並急於獲得解答的心理，輕率給予感官上的大印象，實則省略許多讓民眾自行判斷消息可信性的科學研究過程。

媒體不是教育事業，更不是慈善事業，在商業邏輯的考量下，他們原本就不需要為民眾的科學涵養負責。**所以民眾需要在這個過程中，扮演一個更積極的角色，必須相信自己能夠判斷部分科學過程的真偽**。如果只是癱軟在一邊，被動的倚賴別人的訊息，那麼原本強調求真精神的「科學研究」，將反而成為一道難以跨越的高牆。

當我們有機會看見類似「研究：少年不煩惱，長大收入較高」註11這樣的報導時，不妨先在自己的心中進行一場「思想實驗」，能不能突破這道科學的心理屏障，完全取決於民眾這場「思想實驗」想把自己帶到多遠的地方。

新聞放大鏡

1. 科學研究中所涉及的人、事、時、地、物，可以直接被「新聞標題」中所指稱的狀況所涵蓋嗎？
2. 相信這個研究結果之前，你是否思考過參與的人是誰？研究的過程？檢測的工具或方法是什麼？

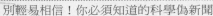

註釋：

註1：〈每天看美女，男多活五年〉（《蘋果日報》，93.10.31）。

註2：〈男性每天看美女數分鐘或可延壽四至五年〉（大紀元，2007.12.7）引自：http://www.epochtimes.com/b5/7/12/7/n1933426.htm

註3：〈金髮美女會讓男人變笨〉（《蘋果日報》，96.11.19）。

註4：〈美研究：睪丸越小父愛越濃〉（《蘋果日報》，102.9.10）。

註5：〈男人蛋蛋小父愛比較濃？〉（華人今日網），取自：http://www.chinesedaily.com/focus_list.asp?no=c1213420.txt&lanmu=C27&readdate=9-11-2013

註6：〈美國研究：小睪丸越會是好爸爸〉（《中國時報》，102.9.10）。

註7：〈研究：睪丸小的男人比較是好爸爸〉（醒報，102.9.11），取自：http://ppt.cc/UsOs

註8：〈研究：每日一蘋果，減少動脈硬化風險〉（中廣新聞，101.10.9），取自：http://ppt.cc/sszj

註9：〈研究男性倒車入庫能力優於女性〉（醒報，100.11.1），取自：http://ppt.cc/8urC

註10：〈研究：霸道上司較易出頭天〉（中央社，101.12.22），取自：http://ppt.cc/W6o2

註11：〈研究：少年不煩惱，長大收入較高〉（醒報，101.11.22），取自：http://ppt.cc/QudU

Chapter 7

小心，世界要末日了？

——便宜行事的科學新聞

二〇一一年，南投地區出現一位號稱能預測未來的「王老師」，他預測那一年臺灣時間五月十一日早上十點四十二分三十七秒會發生十四級的超級大地震而造成世界末日。因此他大張旗鼓在南投山區買地、買貨櫃屋作為避難之用，並有不少信徒跟隨，更吸引許多媒體報導。

後來不出所料，「超級地震」及「世界末日」都沒有如王老師預言發生，只見新聞媒體以正義凜然的口吻駁斥失算的王老師。之後再搭配幾位天文學者或專家的採訪，指出這樣的末日預言缺乏科學根據，民眾不該隨之起舞。

乍看之下，媒體似乎用「科學」的明鏡幫我們反照出理性的光輝，用正義之劍幫社會戳破迷信的虛假。但真的是如此嗎？

王老師強迫你去買貨櫃屋嗎？

王老師空口無憑預測超級強震即將到來，引起民眾一片恐慌，製造社會的騷動，確實不值得鼓勵。但他是否懇求媒體報導？他是否強迫推銷貨櫃屋斂財？他是否為了其他目的而狂打個人知名度？他除了在部落格中留言預測，其他都是媒體自己找上門的，為什麼突然間，他與「末日強震」變成我們大家得去關心的一個議題？

最後超級地震沒有來，你意外嗎？預言逼近的前幾天，馬照跑舞照跳，生活沒有什麼改變，類似這樣的末日預言，每隔一段時間就要來一次，大家多以看戲的心情迎接，早已見怪不怪。奇怪的反而是媒體，在這一個炒作的新聞中，高舉用科學對抗迷信的大旗，對王老師擺出一副「正義科學」的姿態。

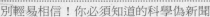

這個過程像是媒體自己製造了一個稻草人，然後再猛對這個稻草人射飛鏢，他們成功製造了話題，贏得「正義」及「科學」的形象，更賺得滿滿的收視率。媒體動用許多社會資源去關照這種幾乎等同「類戲劇」的假議題，包括行政院、內政部、氣象局、國科會、國防部等部會，都被迫出面為此事件進行相關說明及澄清。

「科學」與「迷信」就像是一條光譜上的兩個極端，其實臺灣社會早已對這兩個端點的解讀有一定程度的共識了。例如，生病時，絕大多數民眾選擇看醫生，接受現代醫學知識給予的建議；颱風將至，雖然氣象預報無法百分百精準，但多數人會將氣象科技的預測做為生活的主要指引。相對而言，若有人生病時只相信偏方與鬼神，面對颱風來襲卻選擇求神問卜，倚賴算命祈求做為生活的主要憑藉，一定會被斥為迷信。因此，判讀「科學」及「迷信」的明顯分野，並非臺灣社會中的難題。

問題其實來自某些「灰色地帶」。這個地帶常常介於這條光譜的中間，既非教科書中的科學理論可以解決，也不是全然的民間信仰所能安置，是科學理論尚無法百分之百掌握或確認，或是事涉政治、經濟、文化等複雜因素的議題，例如，「電磁波會危害健康嗎」、「核能電廠能有絕對的安全性嗎」、「石化業應該繼續擴張嗎」、「工業區與溼地該如何取捨」等，這些問題常常讓社會付出許多成本，但也是真正值得我們花精神去面對及因應，並且具有挑戰性的議題。

一個多元的社會避免不了有許多「王老師們」，但媒體在這種廉價的議題上加柴添火，然後再扛出科學的大砲來砲轟他們，就像是殺雞用牛刀，這樣的監督標準與報導品質符合比例原則嗎？

穿貂皮大衣就是雙手染血的屠夫？

二〇〇五年二月，社團法人臺灣動物社會研究會與瑞士動物保護協會（SAP）、英國社會發展促進動物福利聯盟（SPAW）和國際關懷自然組織（CFTWI）聯合召開一個「國際反皮草行動」的記者會。會中，透過全球首度公布的影片，揭露中國這一個全球最大皮草生產國，在生產皮草過程中，用慘絕人寰的手段對待動物的畫面。

這一支紀錄片長達十六分鐘，內容揭露生產商如何將一隻隻驚恐無比的狐狸和貉（別名為狸）在意識清醒的狀況下用木棍、鐵棍敲擊頭部，或是抓住尾部整隻舉起，將頭朝下重重往地上摔。這些動物在沒有立刻斷氣或只是昏厥的狀況下，被屠宰工人剝皮。只見畫面中動物不斷哀嚎、掙扎，甚至有動物在全身毛皮被剝光、血肉模糊時依然有呼吸、心跳，而且眼睛不斷眨動。根據相關新聞報導，當天記者會現場影片只開始播出五分鐘，就聽見女記者啜泣的聲音，許多記者甚至無法完整看完影片。

就在這種同仇敵愾的氛圍下，加上主辦單位提供十分完整的新聞稿，隔天各大報紙幾乎都以此主題作為頭版要聞，新聞臺更全天不斷播出這些殘忍的剝皮畫面。

這個新聞一路延燒，從一開始在頭版的血肉模糊畫面，然後開始點名曾經在公開場合穿過皮草的藝人，例如，林志玲、孫芸芸、大小S、伊能靜、利菁、李蒨蓉等。再過一天，討論的火力不減，包括連方瑀、阿扁嫂、陳文茜等也被一一點名，這把火開始往政治人物及社會名人延燒。後來，這個議題跑到了綜藝版，媒體開始從資料畫面中，將藝人在宴會、慶典、曾大方展示皮草的畫面一一調出，用一種「踢爆」、「拆穿」的姿態檢驗這些藝人，怎麼可以為了展示自己的品味或美貌而殘忍對待這些可愛的動物。藝人紛紛出面自清：「我穿的都是人造皮草……」、「上次那一件是我朋友的……」、「我的都是有證書的合法養殖……」。最後，這個議題結束在綜藝新聞的討論中。

許多影視名人成為眾人討伐的對象，大家剛好借這個機會看看這些平時光鮮亮麗的名人，是否真如媒體所說的膚淺、無情，看名人出糗永遠有一種幸災樂禍的快感。

但是為什麼穿戴貂皮會犯眾怒，但是中午吃豬排飯卻沒有人指責呢？難道是因為狸、貂生來可愛，豬就該死嗎？媒體動用大篇幅及版面，告訴大家不應該穿戴皮草，但是合法養殖取得的皮草也不行嗎？狸、貂均非保育類動物，我們不能取其皮毛嗎？其他皮鞋、皮件可以穿嗎？人類不該為了美麗而殺害動物，那為了延續生命就可以嗎？奪取貂皮的過程慘絕人寰，製作肉品的過程就很人道嗎？如果動物最後終究一死，那麼痛苦死去與平靜死去一樣嗎？

媒體大肆報導，並用一副博愛濟世的面貌來聲討穿戴皮草的人，卻沒有辦法回答前面這幾個再平常不過的疑問。保護動物、愛護動物的意義究竟是什麼？

針對這個議題，什麼才是負責任的報導？它至少需要清楚的觀點，同時在這個觀點之下能夠同時檢驗其他議題。例如，如果對於狸、貂是一套標準，但是對於豬、羊、狗、貓又是另一套標準，那就必須告訴民眾這兩者有什麼不同？

以動物皮草事件來說，至少有兩個觀點是需要被關注的。

首先，從**生態保育**的觀點來看，可以思考為了維持生態體系的平衡及多樣性，我們需要特意保護某些瀕臨絕種的動物，再來思考狸、貂究竟是不是需要保育的對象。

其次，從**動物倫理**的觀點來看，動物「安樂」死去，與「痛苦」死去，是否有所不同？有學者從效益主義的立場出發，主張人類在使用動物的過程中，應讓動物「享樂」的總量大於「受苦」的總量，在符合這個原則下將動物做為食物、衣物、科學實驗、休閒娛樂等用途，應該是可接受的。

此外，也有另一派別根本反對把動物視為人類的資源，主張每個個體都有天賦的價值，此價值獨立於其他個體對它的需求和使用。

如果有這些清楚的檢驗觀點，就可以發覺在這個案例中，並沒有特別違背生態保育。從效益主義的動物權來看，理應可以容忍合法的使用皮草；從天賦價值的嚴格動物權觀點來看，那麼人類只有吃素一途，不管皮草、豬排飯、牛肉麵都應該被討伐。

結果，我們的媒體在情感大於理智的報導下，把原本一個具有很好生命教育意義的案例，操作成一個鋪天蓋地的「獵巫行動」。（生產商只要在事件

科學二三事

動物倫理是針對人們應該如何對待動物，所進行的一種哲學探討，人類與動物互動、相處甚至是利用，過程中究竟應該互不傷害、互蒙其利，還是片面傷害、相互衝突，這些問題都是動物倫理探討的範疇。

的節骨眼上避避風頭，反正撐過一陣子，不就恢復原狀了嗎？）

便宜行事下的假道學

對於媒體新聞而言，如果有什麼是穩賺不賠的生意，那應該就是不斷「裝正義」跟「假善心」。找機會搬出正義大旗來為民眾喉舌，雖然可能只是操弄民粹與打落水狗；或是頂著慈善救濟的假面，看似關懷弱勢、苦民所苦，卻可能用最廉價、煽情的方式消費受害者。

這樣的新聞操作手法無往不利，尤其在這個科技高度發達、心靈卻極度空虛的年代，很容易就讓人們買單。而將這些媒體習慣的操作手法也用在科學新聞報導上，格外顯得不倫不類，讓人啼笑皆非。

媒體習慣用一種假道學的方式監督社會上的科學議題，其背後有著一些結構性的原因，主要仍是「成本」的考量。科學新聞如果品質良好，應該是所有新聞類型中成本最高的。媒體如果要針對政治選舉進行一個報導，它可以早在幾個月前就開始規畫出一系列、固定時間都可以播報的「帶狀」新聞。從每個參選人的祖宗八代開始回顧，只要花一次研究的功夫，就可以生產許多新聞來充實版面。

科學新聞對於一般記者的門檻比較高，但偏偏花了許多精神才弄懂的一則新聞，很可能只短暫露臉一次，所以媒體當然不願意花費太多成本來耕耘這個主題。

為了節省支出，媒體可能選用開銷最低的方式來應付科學新聞，像是直接買外電新聞來編譯、用記者會所提供的現成新聞稿、派SNG車做不用後製剪輯的「有聞就錄」連線報導，透過這些廉價的方式，勉勉強強搪塞科學新聞所需要的空間。

例如，前述的動物皮草事件，記者會的主辦單位完全清楚媒體記者的弱點。他們透過血淋淋的影片訴求，一方面震懾了出席的記者，另一方面也符合了媒體的口味，加上製作完整的現成新

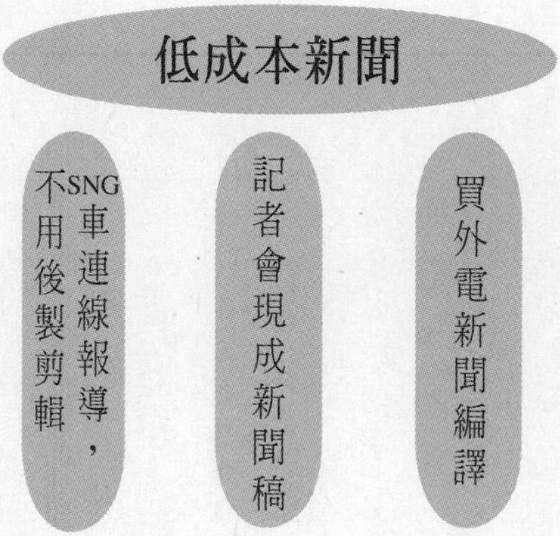
低成本新聞
買外電新聞編譯
記者會現成新聞稿
SNG車連線報導，不用後製剪輯

聞稿內容，對於出席的記者而言，像是天上掉下來的禮物。這一則新聞不僅成本低廉，更可一舉攻上媒體的重要版面，兩造各取所需，皆大歡喜。

再例如，「王老師」的案例，記者留守在南投山區，唯恐王老師突然背著貨櫃屋消失在地平線。這樣一連幾天的連線報導，只需要壓榨幾位年輕記者的勞動力，就填充了許多新聞垃圾時段。除了提供大家一些休閒娛樂之外，完全無助於我們面對下一次「世界末日」的傳說。

果不其然，二〇一二年十二月二十一日馬雅文明的末日傳說來臨時，媒體同樣大肆報導，談話性節目連日轟炸，有單位大張旗鼓舉辦末日特展，更有名嘴不甘寂寞而與科學家隔空叫罵，在大家炒熱氣氛的背後，各有所圖。如果你實在憎恨臺灣社會的理盲與濫情，受不了媒體的浮誇及煽動，那麼面對這種每幾年就要發作一次的廉價議題，選擇「冷漠以對」會比「隨之起舞」更好。

只有少數幾種狀況可以逃脫這種廉價報導的魔咒，例如，SARS、新流感、狂犬病、大地震、海嘯等可以延長議題戰線、具有新聞效益的議題；或是幾個科學界的固定大事，例如，公布諾貝爾獎得主、國際氣候高峰會、奧林匹亞科學競賽等，足以妝點媒體專業性的議題。擁有這些特點，媒體才願意多投資一些成本去關注，否則在大多數狀況中，科學新聞只像是卡布奇諾咖啡上的肉桂粉，有了它可以順便美化門面、提提味，沒有了也無妨。

但是當媒體願意關注某個科技議題時，卻也可能引來另一個新的災難——分析觀點的淺薄。淺薄的原因常是因為對於現成觀點照單全收，不然就是只取得主流意見，因而造成偏頗。

過去媒體或新聞的職責像守門員的角色，幫助閱聽人把守消息的品質。但是現在媒體對於科學議題愈來愈便宜行事，變成一個扭曲的傳聲筒。

例如，「全球暖化」是這幾年廣被世界關注的科學議題，國內媒體一面倒，把全球暖化現象與人為導致、二氧化碳排放、工業化等概念連結在一起，然後倡導節能省碳的生活方式。

由於這樣的說法符合「政治正確」的方向，正確到如果有人提出異議，似乎就是「不愛地球」。事實上，很少有人質疑是什麼因素造成暖化現象，這在歐美有許多不同意見，尚未形成一個廣泛的共識。例如，英國BBC的第四頻道就曾經製播一部名為《全球暖化大騙局》（The Great Global Warming

Swindle）的紀錄片，說明全球暖化的科學論述背後，隱含許多不為人知的政治動機，並且從科學家訪談來推論全球暖化的現象，極可能與太陽黑子的運動相關。

這部紀錄片鮮少出現在臺灣媒體的報導中，相較之下，另一部由美國前副總統高爾所拍攝的紀錄片《不願面對的真相》（An Inconvenient Truth），就壟斷了臺灣媒體對於「全球暖化成因」的觀點。

這兩部紀錄片有著許多針鋒相對的對話（前者幾乎是衝著後者所拍攝的），都同樣擁有許多支持者與質疑者。在這樣的情境之下，民眾至少會知道「全球暖化」是一個還在爭議、形成中的科學議題，科學家還努力在找尋真正的成因及背後的原理，就像其他科學理論或科技發明在發展初期時所經歷的一樣，那是一段漫長而逐漸凝聚共識的過程。

如果暖化不是二氧化碳所造成，難道我們就不需要愛護地球了嗎？也不會為了達到節能省碳的某些政治目的，在科學界尚無明確共識之下，就硬要說「地球是二氧化碳殺的」。

但在臺灣，媒體習慣只擁抱一個最單一、素樸的「二氧化碳造成全球暖化」觀點，甚至有媒體人為了趕上這股風潮，在短短時間內籌拍了一部氣候變遷的相關紀錄片，配上溫馨感人的名家插畫、廉價煽情的配樂，再邀請名人、官員、企業家站臺，儘管影片被指出諸多科學錯誤，卻仍然吸引媒體大幅報導。

但是，當後來臺灣面臨大型石化工廠興建與否的難題時，卻沒有見到這些提倡「節能省碳救臺灣」的名人、官員、企業家清楚表態。

二〇一三年八月，曾有許多媒體編譯一則國外新聞，報導說明全球暖化造成北極冰層覆蓋率減少，導致北極熊很難在冰面上獵海豹維生，為了存活只好步行到二百四十公里外的地方找食物，最後卻餓死異地，屍體只剩下白色毛髮及骨幹，讓人看了相當心疼。報導搭配著一隻北極熊皮包骨的死亡照片，標題是「暖化迫離家二百四十公里找食物，北極熊餓死皮包骨照撼世界」，吸引了各大媒體爭相報導。

但是過了大約一星期，一位正好在北極圈附近進行研究的科學家，在部落格踢爆了這一篇報導[註1]。他透過詳細的紀錄及推論，說明這一隻北極熊是老化到一定程度後自然死亡，就像人活到一定歲數後會死，北極熊也會。在冰天雪地的荒野，死後的北極熊就是這個樣子，只是我們過去從未過問，也從未感興趣罷了。

這篇文章賞了臺灣媒體一個重重的耳光，卻未見主流媒體報導澄清。如果再有一張北極熊的悽慘照片，你該相信嗎？

這種行徑在許多科技爭議的報導中屢見不鮮，臺灣的媒體很少用功研究，然後再去批評與監督科學及科技議題，卻奉行一種便宜行事下的假道學，說穿了就是柿子挑軟的吃。這些膚淺的論調造成許多愛護動物、保護地球的響亮口號，變得口惠而不實。

如果我們想務實愛護地球、永續關心生活環境、誠心對待人類之外的動物，拒絕這種便宜而廉價的科學新聞是首要的任務。

新聞放大鏡

1. 這一則科學新聞的製作成本如何？很花錢嗎？還是只要用現成的資料就可以完成？
2. 這一則科學新聞發聲的場景及情境是什麼？記者自己編寫的嗎？去記者會現場拿已製作好的新聞稿嗎？是否特別訪問專家佐證，還是只順便問問路人？

註釋：

註1：http://chaoglobal.wordpress.com/2013/08/13/bear/

Chapter 8

這是NASA最成功的一次火星任務？

——官商互惠的科學新聞

科學也需要行銷活動？

許多科幻電影最喜歡以火星中的外星生物作為題材，九大行星中，火星與地球有最類似的生存條件，被寄予作為移民星球的厚望。

二〇〇四年一月五日，美國的火星探測船「精神號」在經過七個月近五億公里的長途飛行後，順利登陸火星，首次將火星地表的畫面傳回地球。在此同時，遠在地球另一端的美國太空總署（NASA）噴氣推進實驗室，響起了瘋狂的歡呼聲。這些慶賀畫面跟著火星地表的畫面，一起傳送到世界的各個角落，人們見證了太空科技上的重要進展。

類似的場景在二〇一二年八月六日又發生，更先進的火星探測船「好奇號」利用核能作為能源，再一次成功登陸火星，搭載的機器人手臂可以直接在火星上採集物質並進行檢測。

回想當年阿姆斯壯登陸月球的經典畫面，身為人類，許多人在這個時候感到與有榮焉，也體認到太空科技的重要性。若以推廣科技、宣揚科學的角度來看，還有什麼科學行銷活動比此成功呢？

科學二三事

NASA（美國太空總署）是**National Aeronautics and Space Administration**的縮寫，為美國聯邦政府的一個行政機構。因為美國與蘇聯的冷戰及太空競賽，美國便成立此機構與之抗衡，並於**1958**年開始運作。

我曾問過許多人心目中科學家的典型，大部分人舉的第一個例子是愛因斯坦，接著大概是伽利略、牛頓、愛迪生等人。如果進一步要大家說出近五十年來的著名科學家，除了李遠哲先生之外，很少有人能夠再說出其他人。

這個問題無關民眾的科學知識豐富與否，它透顯出近代科學發展的一些重要特質，亦即「小科學」與「大科學」之間的差別。這個差別使得NASA除了努力讓探測船登上火星之外，還必須把它包裝成一個成功的科學行銷活動。

當「科學家」變成了一種職業

許多人談到「科學」或「科技」，認為是人類發展史上理所當然的一件事，好像從盤古開天就有類似的事情進行著，尤其對長期作為「科學被殖民國」的亞洲國家來說，許多的科技產物都是外來物，科學理論是進口的、精密儀器是進口的、連耳熟能詳的科學家也是進口的……

所以科學的過去與未來是什麼？這些疑問幾乎不曾出現在我們日常生活的脈絡中，民眾習慣把科學進展當作是水到渠成的合理過程。

上述的狀況形塑了一種服膺主流的「科學順民」典型，民眾不容易意識到——「好科學」也會連同「壞科學」[註1]，共同行銷到我們的日常生活中。**瞭解科學的過去，才有辦法協助我們在未來少接受一點「壞科學」。**

瞭解科學的過去不難，只要問對關鍵問題就可以瞭解大半。例如，「什麼時候科學開始在人類的歷史上成為一個職業」就是一個重點問題。這好比當「網路」成為重要需求時，開始出現新的經濟型態「網咖」，然後有一群在網咖裡的服務人員，爾後「網咖服務人員」就在社會上變成了一種職業。當網咖愈來愈多，網咖就會形成一個職業聯盟或工會以互通有無，之後也可能慢慢出現連鎖店，或和遊戲軟體公司合作結盟。總而言之，網咖會出現比較有規模、有體制的開設方式，此時就發展成社會裡的一種正式機構。

「科學」形成社會機構的過程也是如此。

當「科學家」變成一種「職業」，你因為從事這一分工作，而有人付一筆錢給你，讓你養家活口、衣食無虞。這個雇用科學家的機構或人可不是大慈善家或凱子，能這樣給付一筆錢，足見其背後具有一定的經濟規模，而這個經濟規模愈大，就對社會產生愈大影響。

回溯科學發展的歷史，「現代科學」的萌芽主要在十七世紀中期的歐洲。當時研究自然界現象的人，除了觀察天體、發明可使用的器具之外，可能同時還要協助謀略、打仗等事務，與我們現在所想像的科學家角色不同，反而較像古代中國的一些謀士或策士，上通天文、下知地理。

那個時代還沒有使用「科學」這個詞彙，即使是「物理學」的祖師爺牛頓，他著名的「牛頓三大運動定律」也書寫在一六八七年所出版的《數學原理》一書。

一六〇一年應該是科學家組織起來的年代，當時一位羅馬王子對自然現象充滿興趣，出資成立義大利「山貓學會」，希望學會裡面的成員都能像山貓一樣，擁有銳利的眼神與爪子，可以敏銳觀察外在世界。

一六六二年，英國成立了十分具有規模的「皇家學會」，不僅出版了全世界第一分科學雜誌《倫敦皇家學會哲學學報》，也讓科學研究變成社會上的正式機構。

有了這些發展之後，十九世紀時德國首先在大學開設科學的相關科系，並設立科學實驗室，此舉引起其他國家跟進，也創造科學在二十世紀的驚人發展。

第一次出現「科學家」（scientist）這一個詞彙，在一八四〇年英國哲學家惠威爾（Whewell）的著作裡，這象徵了這個行業真正成形。人類歷史上出現科學家這行業，也不過是一百七十年左右的光景。但是自從出現了這個行業，科學家的數量就快速成長，依據科學社會學中約略的統計資料，顯示如下[註2]：

一八〇〇年：一千名
一八五〇年：一萬名
一九〇〇年：十萬名
一九五〇年：五十萬名
一九七〇年：三百二十萬名
二〇〇〇年：一千萬名

數量幾乎是每隔五十年就十倍數成長。

過去很可能只有少部分的貴族或謀士才能接觸科學研究的相關知識或思想，科學家數量非常少，但是現在大學中的工學院、理學院教師，都可算是廣義的科學家。隨著社會中科學機構的擴大、穩定，從事科學研究的人員快速增加，整個科學研究環境蓬勃發展。

「大科學」與「小科學」

科學家社群與科技產業逐漸普及，也在社會上產生重要的影響力量。過去在伽利略、牛頓，甚至是愛因斯坦的時代，科學家大約有了紙、筆，或是簡單的三稜鏡、燒杯、燒瓶就可以作研究，花費的資源或經費相對較低。

當科學實驗愈來愈複雜，需要愈來愈昂貴的儀器，導致個人無法負擔時，就需要爭取社會的支持。如果這個規模再繼續變大，大到單一的部門或單位都無法承載，就需要整個國家的介入。

一九七〇年，美國理論物理研究的重鎮費米實驗室（Fermilab），為了尋找組成物質最基本單位的粒子，蓋了一個加速器。這種加速器的原理，就像以前國中老師告訴我們：原子是組成物質的最小單位，原子裡面還有更小的中子、質子及電子。依據科學家求知的精神，當然應該再問，那些基本粒子裡面還有更小的東西嗎？從一些物理學理論預測，應該還有更小的東西被包在裡面，只是被包得很緊。所以科學家希望讓兩個被高速加速後的粒子，互相對撞，看看能不能撞出裡面更微小的東西。

建造出來的實驗儀器，安裝了約一千塊的大磁鐵，圍成一個周長約六．四公里的圓環。建制整個實驗室花了大約四．一億美元，真是一個天文數字！有人願意為了瞭解宇宙奧祕而花這一筆錢嗎？

費米加速器能揭開的真相有限，科學家們需要一個能量更大的加速器，才有辦法進一步探求更深邃及基本的世界。這個夢想最後實現在歐洲核子研究組織（約二十個會員國家）的「大強子對撞機」（LHC）計畫中。這個對撞機的規模比費米加速器更大，光是環圈周長就有二十七公里，大約是費米實驗室的四倍。這個環圈橫跨瑞士和法國的國土，是歐洲許多國家共同集資打造的實驗場，總花費金額約八十億美元，臺灣的科學研究團隊也參與相關工作。

這一個科學家的大玩具，當時也曾經遊說美國出資，但是後來在國會被否決，國會議員質疑花這麼多錢、這麼多人力製造機器，雖然可以瞭解宇宙生成的奧祕，但是對於提升就業率、經濟水準、人民生活有幫助嗎？如果沒有幫助，花這一大筆錢只為了滿足科學家的好奇心嗎？於是，這個計畫被美國否決了。

科學家總是給我們一種印象——為了瞭解自然現象，可以拋頭顱灑熱血，雖千萬人吾往矣。但是這個近代的例子卻告訴我們：「No Money No Game！」沒有「錢」，科學家有再大的熱忱及雄心壯志，也只有在旁邊乾瞪眼的分。

二十世紀幾個改變人類生存樣貌的大型計畫，幾乎都具有這樣的性質。例如，美國從一九六一年開啟的阿波羅登月計畫，歷時約十一年，耗資三百億美元，有二萬家企業、一百二十所大學、八十餘個科研機構參加工程，工程高峰時期總人數超過四十二萬人。最後這個計畫除了成功把人送上月球，也帶動許多生活科技發展。

「科學家」成為一種職業，並演變為「重要」職業的過程，同時也是從「小科學」演變至「大科學」的過程。

所謂的「小科學」指的是：在過去的年代，科學家透過個人的力量就可以探討對科學、自然界的理論或看法。

而「大科學」指的則是：現在的科技需要透過「團隊」方式進行研究或活動，牽涉的範圍大、經費多、人員廣，例如，曼哈頓的原子計畫、阿波羅登月計畫、粒子加速器計畫、人類基因體解碼計畫等，都顯示出「大科學」時代的特質，也讓科學的演進與社會的關係更密不可分。

小科學	VS	大科學
個人		團體
牽涉範圍小		牽涉範圍大
經費少		經費多

媒體與科學間的互惠

在「小科學」的時代，很難想像科學與媒體有什麼關連性，但在這個「大科學」的時代，媒體就會跟科學發生許多有意思的互動，不僅媒體需要科學的權威，科學也需要媒體的傳播。

從本書揭露的許多狀況可以發現媒體不太喜歡報導科學新聞，因為它不僅不易駕馭，而且因為專業程度高所以製作成本也高，對於小本經營的媒體而言是一項艱難的投資。

但媒體並不會輕易放棄科學，畢竟科學是現代的顯學，少了它可能權威盡失，因此把科學當作是妝點媒體門面的重要元素。

例如，每年諾貝爾獎公布時，不管這些科學家研究的主題多麼深奧冷僻，沒有媒體會漏掉相關新聞，或者說說這些研究對於人類未來的重要性，或者提提這些科學家如何在研究的過程中克服萬難、力爭上游。如果剛好是感人肺腑的勵志故事，那更能獲得媒體的壓倒性青睞，「為成功者找理由」永遠是世界上最容易做的事情之一。

除此之外，科學對於媒體的需求，是「大科學」時代的一道特殊關係，此時科學研究的進展需要支出龐大經費，**科學家慢慢得從被動的訊息諮詢者，演變成主動的訊息說明者或是宣傳者**。「超級對撞機計畫」在美國慘遭滑鐵盧，它不僅是一個慘痛的個案，也是科學基礎研究發展的警訊。為此，美國國家科學基金會（AAAS）主席曾經公開呼籲科學家，應該努力將科學知識推銷給大眾，因為這些傳播的成效會影響科學研究經費的編列。因此，有的科學研究機構開始設有專責的新聞發言人，聯繫記者來為自己部門的科學家成就進行報導。

在臺灣，以前科學家對於什麼領域有興趣，只需要各自埋首、好好鑽研，但是隨著科學研究愈來愈精細，研究機構林立，共同競逐一個研究經費大餅，這時候科學家不得不開始遊說民眾。

國科會及中研院愈來愈重視與媒體的關係，不僅有專職部門負責與媒體記者保持良好溝通管道，並且定期準備新聞稿、發布研究訊息，方便線上記者寫稿及報導。

上述在這個時代勉勵為之的作法，最終的目的是希望民眾知道，大家辛苦的納稅錢如何被運用，而不會讓科學發展及經費配置變成無法碰觸的黑箱。

例如，國科會就曾發出類似「奈米巡弋飛彈，癌症的追蹤及治療」這樣的新聞稿，內容大概說明在國科會經費支持下，交通大學的研究團隊歷經多年研究，開發出能像多節火箭般進行不同階段釋放藥物的載體，對於癌症具有治療的潛力。國科會透過聯繫記者、提供新聞稿、召開記者會、現場說明簡報、接受訪問等安排，讓記者瞭解這項研究的重要性，隔天這個新聞就被報導成類似「抗癌新法，分段釋藥降副作用」註3這樣的報導。

雖然這個新發現沒有引起太多媒體青睞，但是可以例行性提供相關研究成果，讓民眾有認識科學的機會，必然讓許多國內科學家的卓越研究成果慢慢被發現。

包括中研院、各大專院校及其他研究單位，都固定向納稅人報告研究成果，這變成是「大科學」時代中，科學家責無旁貸的一項任務。

這種型態的科學新聞不算是大陷阱，但是閱聽大眾仍然需要瞭解，這些新聞是一群具有某些經費執行壓力的人，精心策畫的結果。而這些被餵予科學新聞內容的媒體也常常只是在美化門面、填充版面等因素考量下，製播了該則新聞。因此，一位稱職的社會公民仍需對這些背景有充分的理解，方能對科學有比較正確及公允的認識。

需要更多肯面對媒體的科學家

或許很多科學家懷念過去可以單純研究科學的年代，不需要為了「經費」去進行一些自己不在行的遊說工作。

網路巨人Google的總裁，曾經受邀在AAAS進行演講，鼓勵科學家及工程師嚴肅面對「科學行銷」的問題。因為**科學及科技具有太多潛在的可能性，因此需要透過專業人士將這些可能性宣揚出去，讓決策者、商業領袖以及大眾能夠瞭解**註4。

隨著科學專業人員與民眾溝通的作法被鼓勵，當然也出現了意料之外的副作用。特別是科學應用的領域，也開始興起透過媒體來幫忙擦脂抹粉的作法，一些有心人士可能以製造假新聞、打知名度等方式來分一杯羹。

有些比較特殊的科技產業，也可能基於自身利益的考量，樂於接受記者採訪以製造新聞，一方面打出公司的知名度，另一方面也阻絕不利的新聞發布，其中以健康、醫療、食品相關的產業為最。例如，透過科學新聞鼓吹某些新式的醫療手段、科技藥物、健康食品等，實際上卻是置入性行銷。

有一些更在新聞之外，直接進入某些談話性節目。例如，轉大人的特效藥、超神奇記憶法、無香精的麵包等。甚至有想出名想瘋了的半科學專業人士，頂著「XXX博士」、「〇〇〇教授」的稱號，在節目大談外星人、上帝粒子、基因療法、食品安全等議題，一副「上通天文，下通地理」的博學貌，為的不過是累積知名度，以賺取下一次通告費。

這些作法已經將媒體慣用的行銷手法放在科技的議題上，是鼓勵科學與外界溝通下，一種始料未及的副作用。

不過這些副作用，比較像是科學社群外的脫序演出，真正的科學社群分子多對媒體懷有恐懼感。

曾聽聞國內某大學昆蟲系主任的經驗分享，提到有一年防疫檢疫局在美國進口的蘋果中發現蘋果蠹蛾，記者紛紛找尋昆蟲系的教授尋求解答。這位系主任剛把車子開進學校，看見一輛輛的電視臺SNG車圍在系館前，二話不說掉頭回家。

為什麼科學家這麼懼怕媒體呢？

一方面是因為科學家原本就不擅長對外溝通，另一方面是媒體沒有提供讓人信任的發言空間。過去臺灣社會只要遇見食品安全衛生問題，記者都會去採訪前長庚醫院毒物科主任林杰樑醫師，頻繁的次數讓我一度以為全臺灣只有長庚醫院有「毒物科」。二〇一三年八月林醫師不幸驟逝後，相信許多民眾都會有「那以後要問誰？」這樣的疑問。

為何沒有更多的「林醫師」願意站出來面對媒體，用自己的專業為民眾解惑呢？

如果生產端及應用端都因新聞受惠，其實是一件好事，就像一開始提到的美國火星探測計畫，我們理應透過彼此互惠的方式，讓更多具有科學意義的新聞可以登上媒體版面，鼓勵更多科學家願意跟民眾說明、分享，讓科學的參與變成是公眾的社會參與，讓民眾共同監督這個時代的科學運作，甚至共同決定科學研究所應該抑注的經費規模，讓科學研究的經費不再只是一個黑盒子。

每次遇見生活中與科學相關的爭議，如果都可以看見不同領域科學家，基於對媒體的信任感而願意侃侃而談，不再是一場場策畫工整、照章行事的「科學產品記者會」，這才是更能體現官商互惠原則的科學新聞。

新聞放大鏡

1. 一群記者為什麼會在同一個時間，跑去採訪同一個科學家的最新科學研究？如果這是一個記者會現場，出資的是哪一個單位？是公部門、學術界、非營利組織、還是行銷產品的公司呢？
2. 哪些科學或科技名人常常出現在我們的媒體中？他們所談的議題都是學有專精？還是無所不談、無話不說呢？

註釋：

註1：詳參《小心壞科學》一書中所提到的一些狀況。

註2：資料引自：《現代社會中的科學》（淑馨出版社）。

註3：〈抗癌新法分段釋藥降副作用〉（中央社，102.10.16），http://www.cna.com.tw/news/aFE/201310160461-1.aspx

註4：詳參http://www.aaas.org/news/releases/2007_ann_mtg/127.shtml

NEWS

Chapter 9

天啊，科學家要製造半人半獸統治世界？

——名不符實的科學新聞

一份報紙的標題是這樣寫的：「研究幹細胞，英專家擬創造半人半獸」[註1]。如果科學家想要製造「半人半獸」，那麼目的究竟是什麼？

科學新聞中，偶而會有這種驚悚又駭人的標題，搞得大家一頭霧水。

「半人半獸」！科學家在想什麼？

文中指出英國有兩個醫學團隊在很相近的時間裡，向政府申請進行兩項性質類似的研究——將人類的細胞與動物（牛、山羊、兔子）卵子結合為胚胎。其中一個團隊希望利用動物卵子與人類體細胞，培養出與多種神經退化性疾病（例如，失智症、帕金森氏症）相關的「胚胎幹細胞株」；另一個團隊則研究胚胎幹細胞株如何將成體組織「再程序化」，進而為病患量身打造可移植的組織。

有趣的是，在本篇報導的內文中，記者清楚指出：「（科學家）目的當然不是要創造半人半獸的驚世怪物，而是促進人類胚胎幹細胞研究。消息一出，立刻引發衛道人士強烈譴責。」

科學家團隊進行此項科學研究的原因，主要是因為傳統實驗中使用的

科學二三事

幹細胞是一種很原始型態的細胞，具有未充分分化及再生各種組織器官的潛在功能。以胚胎幹細胞為例，可以把它想像成一塊可以隨意塑型的黏土，可以依據需要捎捏成不同的組織器官。

是人類的卵子，這要靠捐贈取得，而培養一個幹細胞株要用掉數百個年輕女性的卵子，耗損率相當大，因此供不應求。正常女性一個月僅能產生一個卵子，所以現代科技要透過胚胎幹細胞進行相關研究，是一件十分困難的工作。

這樣的狀況一方面讓人覺得女性似乎是比男性更為高級的生物（相對而言，男性的精子很不值錢），另一方面也凸顯了即使有想法與技術進行高階的科技研究，但科學家仍須克服許多棘手的實務問題。

我想到南韓一位非常著名的生物科學家黃禹錫（Hwang Woo-Suk）。黃禹錫先前被視為最有機會為南韓獲得諾貝爾獎的科學家，背負著「南韓科學救世主」之名，韓國航空更提供黃禹錫夫婦十年免費的頭等艙機票，資助他進行研究工作。

黃禹錫除了有卓越傲人的科學貢獻之外，更有一張帥氣的臉龐，稱其為「科學界的裴勇俊」可以說當之無愧，因而傳聞有女性粉絲願意主動捐出自己寶貴的卵子，供黃禹錫進行研究[註2]。如果我們要求科學家除了有高超的科學知識及技能之外，還得透過個人魅力來「賺取」卵子做實驗，那對於科學家會不會要求太多了呢？

基於這樣的理由，其他長相平凡的科學家只好把腦筋動到動物身上，因為動物的卵子如果也可發揮像人類卵子般的功能，那麼科學家們就可以取得用之不竭的卵子。

依照該篇科學新聞的報導，在實際作法上，科學家運用傳統複製哺乳類動物的「細胞核轉殖」技術，也就是將動物卵子細胞核加入人類的體細胞，之後用微量的電流刺激兩者，使之融合為胚胎。

當胚胎發育至第六天抽取幹細胞，至第十四天就將此人造生物銷毀了。因此這個胚胎的遺傳物質會有九九・九％來自人類，僅有〇・一％來自動物。

如果這一篇報導沒有什麼嚴重的科學知識謬誤，那麼科學家努力透過生物科技的研發來找出克服疾病的方式，出發點應該是受肯定的。但是為什麼內文明明已經清楚寫到「（科學家）目的當然不是要創造半人半獸的驚世怪物」，而標題卻又說「英專家擬創造半人半獸」，這真是一個令人覺得衝突的報導。

「半人半獸」長成什麼模樣？

如果一則科學新聞標題與內文不一致，到底讀報紙的民眾會如何解讀呢？在好奇心驅使之下，我請一些大學生來實際實驗註3。

實驗的作法很簡單，首先，請大學生們依據自己平時閱報的習慣，在不勉強、不強迫的狀態下輕鬆閱讀這一篇報導。閱讀完畢，請大家在白紙上畫下「你想像這個生物體可能的長相」，並用文字為其特徵作簡單描述。此外，也請參與的大學生說說他們認為科學創造這種生物體的用意是什麼（用意其實已清楚寫在新聞報導中）。

這項實驗統計了一百二十七位參與學生的表現，結果發現同學對於所謂「半人半獸」的想像大概有六種情形。

第一種，認為這個生物體長得像「胚胎或細胞」。原因很簡單，因為報導中原本就清楚提到：「第十四天的時候就將此人造生物銷毀了。」胚胎在還沒有繼續分化的狀態下就已經陣亡，所以當然會長得像細胞或胚胎。

第二種，認為這個生物「還是人」，因為在報導內容中已經清楚提到，在這個胚胎的遺傳物質之中，會有「九九．九％來自人類，〇．一％來自於動物」，所以如果這個生物沒有銷毀的話，應該還是會長成像人的模樣。有的學生認為該生物體有部分基因來自動物，所以這個人可能會不習慣站立，但是不管怎樣，都還算是「人模人樣」的一個生物體。

第三種反應類型是「人身動物頭」，在這一個類型中，這個半人半獸遠遠看就像一個人，有人的身體及四肢，只是頭部已經變成了動物的頭。

第四種反應類型是「動物頭及四肢，但是如人形體般站立」，這一個類型與前一個類型十分接近，遠遠看去都一樣，只是在這一個類型中，連四肢都變成動物了。

第五種反應類型是「動物頭及四肢，但如動物形體般站立」，這一個類型與前一個類型十分接近，遠遠看去都一樣，只是在這一個類型中，連身體都變成動物了。

最後一種類型最誇張，它在學生的眼中已經變成「非人非動物」的物種。

接下來讓人好奇的是，這些參與實驗的一百二十七位學生，在這幾種類型上的反應分布狀況為何？結果出乎我預料，最多人的反應類型是「動物頭及四肢，但是如人形體般站立」（三三．九％）以及「動物頭及四肢，但如動物形體般站立」（三一．三％），光這兩種類型就占了大約六五％。

依據生物學家的見解，只有前兩種類型算得上是正確答案，其他愈後面的類型愈遠離正確的科學認知。

在這一項實驗中，正確答對的學生僅占一三．四％，比例低到讓人想掉眼淚，因為幾乎所有訊息都已經寫在新聞報導中，但是大部分的讀者都受到標題影響，造成了誤解。

試想，如果一個人看完這一篇報導之後，想像科學家製造出來的「半人半獸」，就如同周杰倫MV中的「半獸人」，或是神話故事中的「凱美拉」（Chimera），那麼他有可能認為科學家正在做一件有意義的好事嗎？

其實，人不是他殺的！標題也不是記者下的！

如果你是一位科學教育工作者，一定也會跟我一樣傻眼，然後開始咒罵是哪一個白目記者，下了這麼一個驚世駭俗的標題。這一個標題不僅將科學家立意良善的初衷一筆勾銷，而且壓根就與內文的宣稱衝突，讓人搞不懂科學家究竟是否要製造怪物。

不過，如果我們就這樣驟下斷語，可能就誤會了這位編譯新聞的記者。嚴格說起來，這一篇科學新聞的內容紮實、圖文並茂，編譯的文字亦清晰優美，是國內少數品質優良的科學新聞編譯作品。主要的問題就出在那一行標題上。

我曾經求證過該文的編譯記者，詢問為何要編寫這樣聳動的標題？得到的答案是：在這個媒體大環境下，一個結構性問題的感嘆。

這樣的一篇新聞，在記者蒐集資料、求證相關訊息、編譯、撰寫、校正

科學二三事

凱美拉是源自希臘神話中，一種獅頭、羊身、蛇尾的吐火怪獸，其英文Chimera同時是一種「嵌合體」的意思。

之後，最後的「標題」卻往往是由該版面的「編輯長官」所下的。在新聞偏食的大環境下，科學新聞的品質早就已經像風中殘燭，現在再加上「編輯長官」的攪局，更顯得搖搖欲墜。

許多媒體界的朋友形容臺灣的資深新聞人多是「政治動物」，多數靠著政治議題起家，科學新聞原本就不是他擅長或重視的一部分。因此依著「政治人」加「新聞人」的嗅覺，即便是在科學新聞的報導中，也常常追逐著將「人類第一」、「世界最大」、「宇宙最快」等頭銜當作賣點的操作。

因此不夠聳動或不能賣錢的科學新聞，就需要在「標題」上面再動動手腳（反正編輯也不一定看得懂內容），看看加工後這則新聞能否框金包銀，吸引讀者的目光。

第一線的新聞工作者遇到這種狀況，也只能徒呼負負，因為這情形不是第一次，也不會是最後一次。只是苦了第一線的編譯記者，因為最後出刊的新聞並不會掛上「編輯長官」的大名，只好自己概括承受千夫所指。

面對編輯長官這種神來一筆的作法，他覺得「差一點點」不算什麼，反正政治新聞也都是這樣操作，大家都喜歡或習慣這些加料的新聞。但是科學新聞不是如此，標題上面的些微誤差，結果就差別很大。

以「半人半獸」的報導為例，大部分閱讀者都倚賴「標題」來進行判斷。從前述的實驗發現，即使具有相關科學知識背景的閱讀者，同樣深受新聞標題影響，除非對於該議題有特定認識或喜好，否則很難逃脫「標題」對於閱讀印象的影響。

臺電智能不足？

一個敏感的科技事件，也會因為媒體編輯「下標題」的過程及一念之差而引發後續一些不期然的效果。例如，二〇一二年十月，有一天報紙出現斗大的新聞標題：「核四管線亂裝。臺電：我們智能不足」。當臺灣為了核能發電廠究竟該不該繼續服役，以及新的核能發電廠該不該續建的爭議持續延燒，臺電竟然承認自己「智能不足」，這還得了！日本福島核災的慘況仍歷歷在目，我們竟然將這樣極具爭議的科技建設交給一家智能不足的電力公司處理？

由於茲事體大，為了確認臺電公司人員的智商，我不得不寫信詢問臺電總公司：臺電人員是否真的說過「我們智能不足」這樣的話語？工作人員可不可能這樣說？記者是否找他們查證過？你覺得新聞的標題，對於臺電的人員公不公平？

不久，一封署名「臺電總工程師」的信件逐一解答了我的疑問，他們表示，如果真有這樣的情形，也應該是工作同仁的無心之詞。此外，信中指出記者直接引述「原能會」的話，並未對同仁進行相關查證，而且這些同仁很可能是施工部門的人員。最後，信中也表明記者的報導及標題對於臺電很不公平，他們希望能有平衡報導的機會。

感覺上，臺電好像挨了一記悶虧，在核能電廠相關議題甚囂塵上之際，除了不敢大聲反駁，更怕因此得罪了媒體老大，讓日子更加不順遂。

當然，臺電針對這一起事件也發出新聞稿澄清，只可惜新聞稿的內容十分冷靜，果然沒有引起任何媒體青睞，撻伐輿論仍然烽火四起。

更扯的是，就在事件的隔天，「中華民國智障者家長總會」發表嚴正的聲明譴責臺電，指出：「臺灣電力公司身為國營企業，未能為臺灣人民的安全把關，核安問題爆發後，竟以『我們智能不足』為脫罪的藉口，『智能不足』不應成為任何人犯錯後的說詞。嚴重汙名化心智障礙者。」

這個荒謬的過程就像後圖所示：首先，記者在採訪原能會的過程中，不經意記錄到這一段「智能不足」的轉述，至於究竟是誰說的？是不是這樣說？在哪一種情境下說的？根本不可考證。

之後，當記者寫好稿件送上編輯臺，在當時的社會氛圍下，臺電的「智能不足」有可能成為一個很好的新聞賣點，也因此獲得了編輯臺的青睞，斗大的「臺電：我們智能不足」躍上版面標題。

新聞一出，臺電立即成為眾矢之的，科技背景的發言人如何是這些嗜血媒體的對手呢？澄清的新聞稿，更救不了正火燙的發燒議題。最後這事件就在「中華民國智障者家長總會」的撻伐聲中落幕。

這樣的狀況在政治新聞中十分常見，媒體往往在他們自己想要行銷的政治論調上加個「問號」，就達到了導引議題並且規避責任的效果。但意外的是，科學新聞也有這樣的悲慘宿命。

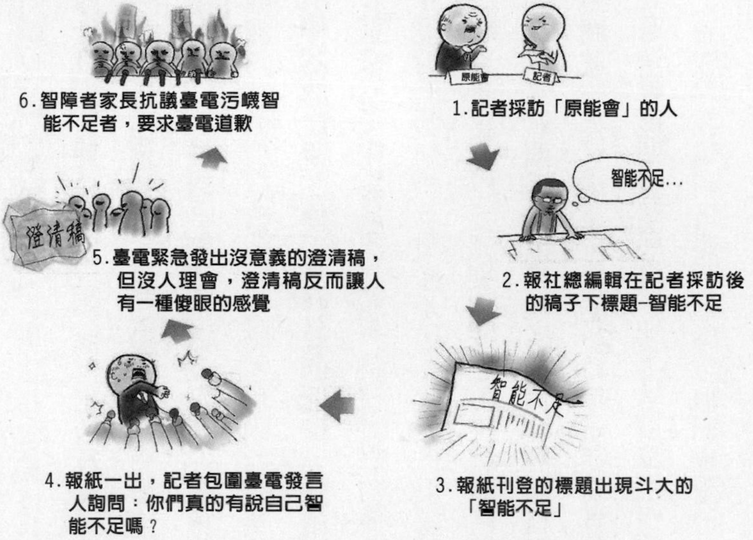
原能會
記者
1.記者採訪「原能會」的人
智能不足...
2.報社總編輯在記者採訪後的稿子下標題-智能不足
智能不足
3.報紙刊登的標題出現斗大的「智能不足」
4.報紙一出，記者包圍臺電發言人詢問：你們真的有說自己智能不足嗎？
澄清稿
5.臺電緊急發出沒意義的澄清稿，但沒人理會，澄清稿反而讓人有一種傻眼的感覺
6.智障者家長抗議臺電污衊智能不足者，要求臺電道歉

科學新聞流程示意圖

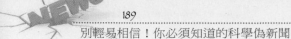

小心誘人的科學新聞標題

本書第一章就曾經提到「科學是一個很長的故事」，但媒體要的常常只是事件的一瞬間，尤其是特別具有新聞賣點的幾個剎那。

當需要把這一個「長長的」故事濃縮成一個「短短的」新聞標題時，許多事情就注定變調。

國內新聞工作基於作業、分工及時效的考量，媒體常採「編採分離」的方式進行，也就是採訪寫作與編輯分工。這導致「採訪、撰寫報導者」與「下標題者」常為不同人。

採訪記者比較可能具有科學背景，或是熟諳相關議題，但是編輯則多數不具備科學背景，並且以報紙的銷售量或是民眾的注目作為主要考量點。在遇見衝突時，犧牲某些真確性在所難免，科學新聞的標題或內容因此被不成比例放大，變成某一種常態，而對標題加工是最方便與節省成本的作法。

媒體科學記者在和我聊到這些問題時，他們也對於這樣的處境感到萬般無奈。

面對這種專業門檻較高的科學新聞，向編輯長官解釋新聞內容、知識及新聞性，已經需要耗費一番功夫。

有科學記者表示，為了讓具有意義的科學新聞得見天日，他還得想辦法用「半哄半騙」的方式說服長官。但是進入編輯程序時，更動文字後不會再知會原本寫稿的記者，所以常常發生編輯下錯標題、刪掉了最重要的段落，或是為了提高話題性而抓錯佐證資料的情況。

這些錯誤的報導結果可能破壞記者與科學專家間的互信關係。科學專家多數很愛惜羽毛，並且在意自己在學術界中的聲譽，所以對於報導中的數據或資料的精確性斤斤計較。

因此科學報導在「後製」的過程中，一些「膨風」的用語或是處理方式，往往會惹惱科學家，讓科學家覺得將遭受同儕嘲笑、使個人信譽受挫，進一步破壞科學家與媒體合作的意願。

「編採分離」是媒體行之有年的運作方式，對於時效性、系統性生產新聞具有很大貢獻。但對於知識承載量大、專業人員缺乏的科學新聞而言，卻反而是負擔。

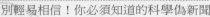

以平面報紙為例，一位科學記者寫稿之後，需要通過組長、核稿人員、撰述委員、中心主任等品管關卡。如果議題重要到可以上頭版，還需要經過副總編輯、總編輯及社長等的重重把關。

在這些過程中，如果每一道關卡都扮演精益求精的角色，那麼出來的新聞品質當然愈好，但如果每一道關卡都因為其他考量而遠離了科學知識的精確性，那效果就適得其反。以目前臺灣媒體精簡人事、削價競爭的處境，科學新聞可能是最大的受害者。

科學新聞的標題就像雙面刃，它可以是誘人的糖衣，吸引你一窺究竟，但是它的甜膩卻也可能蒙蔽了你對於原本事物的瞭解！

如果你瞭解每一則科學新聞的生產過程，以及媒體在現實及理想之間的拉扯，當你下次閱讀科學新聞時，看見「生小孩會變笨？男胎DNA入侵媽咪腦細胞」、「研究：女性戒煙可增壽十年」、「南韓科學家宣稱：沒有『那話兒』男人活得久」等類似的科學新聞報導標題時，只要輕鬆看待，想想這次編輯又如何絞盡腦汁，想用什麼創意來吸引你的目光。

請你提醒自己，看完這些激情的新聞標題，記得回歸報導的真實面！

新聞放大鏡

1.「簡短」的標題有辦法涵蓋十分「複雜」的科學內容嗎？
2. 科學新聞的「標題」與「內容」，在新聞生產過程中是相同的工作人員完成的嗎？中間經過什麼關卡？

註釋：

註1：〈研究幹細胞，英專家擬創造半人半獸〉（《中國時報》，95.11.6）。

註2：黃禹錫在幹細胞方面的研究讓他成為南韓奪得諾貝爾獎的希望，但是卻在二〇〇五年爆發一連串醜聞，包括被指控研究中使用了女研究員的卵細胞，並有細胞買賣的行為；此外，更被揭發偽造多項研究論文，包括其中刊登在《科學》雜誌上具重大突破性進展的幹細胞研究，造成南韓舉國譁然。二〇一〇年十二月十五日，黃禹錫坦承偽造研究結果，南韓政府隨後取消他的科學技術勳章和創造獎章，南韓群眾更痛心表示這一日為南韓的國恥日。

註3：黃俊儒、簡妙如，（2008）：〈科學家發明了什麼？解析學生對於科學新聞中的科技產物意象〉，《科學教育學刊》，16（4），415-438。

Chapter 10

82歲的諾貝爾獎得主娶28歲妻？

——戲劇效果的科學新聞

臺灣媒體如何採訪科學家

二〇〇六年七月，有一天電視新聞報導了物理學大師楊振寧博士，因為參加中研院院士會議，偕同夫人翁帆來到臺灣。臺灣新聞中，難得出現了一位科學家的身影。這位曾獲得「諾貝爾物理獎」的華裔科學家是許多科學領域研究者的「神級」偶像，當年他與李政道對「宇稱不守恆」定律的研究，豎立近代量子物理學發展的重要里程碑。國外有物理學家[註1]認為楊振寧先生「甚至擁有幾乎是愛因斯坦」一樣的地位」，其地位、形象在科學家社群中可想而知。

電視臺能大陣仗採訪物理學界這號大人物，並製作電視新聞全程追蹤其動向，這理應是一件令人十分欣慰的事。但是那天電視新聞播出的畫面，卻讓人瞠目結舌——這對夫妻從一下飛機就被臺灣媒體團團圍住，就像韓國的偶像團體訪臺一般（即便當年楊振寧先生得到諾貝爾獎，媒體的採訪陣仗也不及此次瘋狂）。媒體劈頭問的問題大概就是「請問夫人懷孕了嗎」、「婚後首次來臺灣嗎」、「夫人這一次來臺灣的感覺」、「準備去哪裡玩」、「身體有

科學二三事

宇稱（**Parity**）是解釋微觀世界中一種很抽象的指標，過去科學家多認為宇稱保持守恆應該也是放諸四海皆準的真理。後來楊振寧與李政道卻發現，在某些特殊的作用力下，粒子的宇稱其實是不守恆的，而這個發現成為近代物理發展上的一個極為重要的里程碑。

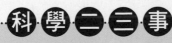

比以前健康嗎」等。

只見這對夫妻像驚弓之鳥，落荒而逃。

之後的院士會議期間，媒體如影隨形跟在他們身邊，關心翁帆懷孕、關心用什麼補品幫楊博士補身體、身體是不是變硬朗等問題，就算是訪問其他院士，問題還是圍繞在這些主題上。

楊振寧，何許人？

我曾播放楊振寧夫妻的新聞採訪畫面給一群大學生觀看，要大家在看完影片後，用三個形容詞形容楊振寧。結果學生的形容詞包括：老當益壯、馬革裹屍、老兵不死、老牛吃嫩草、奇特老人等。我想一些學習物理學的專業人士看到這樣的形容詞，心中應該都在滴血吧！他們眼中的「神」一下子被貶到了凡間。

楊振寧對於近代物理學的貢獻，一定會在科學發展的歷史上被記上重要的一筆，這樣的肯定並不是所有得諾貝爾獎的科學家都有。他在中日戰爭日本宣布投降後的兩個星期，從中國到美國芝加哥大學攻讀物理學博士。很快獲得博士學位後，因為他傑出的表現，被延攬至素有研究者天堂之稱的「普林斯頓高等研究院」註2從事研究工作，而且一待就是十七年；在這裡的工作期間，他與另一位華裔物理學家李政道，因為「宇稱不守恆」的研究，共同獲得了諾貝爾物理學獎，這時他的年紀不過三十五歲。

後來楊振寧被延攬到紐約大學石溪大學分校籌辦全新的物理研究所，共服務了三十三年才退休。二〇〇三年底回到中國清華大學講授大一的「基礎物理學」造成轟動，可以說大半輩子都奉獻給物理學了。

過去媒體最喜歡炒作的其實是楊振寧與學弟李政道的一段往事。當年楊振寧與李政道共同獲得諾貝爾獎之後，因為一些研究文章掛名以及領獎順序的問題，讓兩個人產生了一些衝突，甚至最後分道揚鑣，在物理學界留下許多遺憾。

普林斯頓高等研究院的院長歐本海默，在事發前曾說：「光看到楊、李二人一起走在校園裡，我就覺得很驕傲；因為總算在院裡看到彼此合作愉快的最佳典範……。」事發之後，歐本海默表示：「李政道應該不要再做高能物理，而楊振寧應該去看精神科醫生……。」更曾經有人問楊振寧的兒子楊光諾，長大之後的願望是什麼時，他坦承不諱地說：「I want to get the Nobel prize alone!!」（我想要獨自獲得諾貝爾獎），可見兩個人結下了不小的樑子。這故事是科學社群中茶餘飯後的閒聊主題，更是楊振寧與李政道共同出席會議時，許多媒體等著追逐的焦點，或等著看的好戲。

但是因為後進記者對於這些故事已經愈來愈不瞭解了，也或許是「老夫少妻」的劇情遠比「兄弟鬩牆」來得刺激。總之，楊振寧這一段八十二歲與二十八歲的「老少配」戀情，成為他每次現身時的焦點，其他的豐功偉業、科學事蹟、國家大事都只有靠邊站的分了。

八卦軼事強壓科學要事

媒體原本就不是一個以「教育大眾」作為職志的機構，因此透過講故事、聊花絮來引起閱聽大眾對於該議題的興趣，是無可厚非的作法。但是，如果花絮已經遮掩主菜，綠葉硬是蓋過紅花，那就需要檢討了。

以前述的臺灣新聞為例，「中央研究院院士會議」幾乎是臺灣學術圈中最高層級的會議。院士們的意見足以左右臺灣學術研究的方向、資源分配，相關建議更會直接影響高等教育的走向，動見觀瞻，其重要性不言而喻。

但對新聞媒體來說，一一瞭解與細數這些大有來頭的院士，還不如講些周邊的八卦軼事更能引起民眾注意。於是就出現了我們所看到的報導，一般民眾甚至不清楚這位豔福不淺的大叔究竟來臺灣做什麼？

名人八卦永遠是媒體的最愛，談談政治名人、演藝圈的八卦也就算了，但是連科學家都要講八卦，實在很浪費，畢竟「科學新聞」的版面原本就不多，科學家的八卦又沒有其他名人勁爆。

這樣的例子不勝枚舉，例如，甫卸任的前臺灣大學校長李嗣涔教授，頂著美國史丹佛大學電機博士的學歷，長年以科學方法進行「特異功能」的研究。由於「特異功能」與靈異現象的主題合適性，尚未受到科學界的共同認可，因此這樣的研究取向頗具爭議。當李嗣涔競選臺大校長期間，這些事情不斷被報導出來。

相關報導中指出，李嗣涔曾經在臺大組織過一支「七人抓鬼特攻隊」到醫院病房去幫病人抓鬼；還有報導指出，因為特異功能的相關研究事涉敏感，所以他所指導的研究生碩士論文被要求十年不公開；也有報導指出他為特異功能人士「隔空抓藥」的特殊能力背書，但是該名人士卻被踢爆作假。以上報導與說法，讓大家以為臺大找來一個「神祕的江湖術士」治校。

其實，以系統性的科學方法探索「未知」，即便沒有獲得科學界的共識，也沒有什麼不妥，反而應該受到正向鼓勵。但是在媒體戲劇化的操作之下，科學新聞仍然可以沾惹許多羶腥。

媒體報導時往往忽略科學家也是人，也有七情六慾、愛恨情仇。因此，報導並不需要特別神格化科學家，更不應該讓科學家的軼聞遮掩他在科學研究上的貢獻。

我們對於科學家的印象大概停留在兩種極端的觀點上。

一種是將科學家描述成十分聰明、嚴謹、認真與專注，為了科學研究的理想廢寢忘食，甚至不通人情義理（最經典的故事橋段，就是牛頓全神貫注做實驗時，不小心把手錶當作雞蛋煮了，或是忘記自己究竟吃過飯沒有）。事實上，現代大部分的科學家肚子餓了就會吃飯，喜歡美食者也不在少數，也有正常社交活動，把手錶當雞蛋煮的事情應該不容易發生。

另外一種則把科學家描述得神祕與怪異，這意象大概源於《科學怪人》註3

那位瘋狂科學家的形象，或是許多漫畫及流行文化中呈現的怪異科學家角色，例如，怪醫黑傑克、史塔克博士（鋼鐵人）、霍古巴克醫生（海賊王）、布魯斯班納博士（綠巨人浩克）……，這些俗民文化中的科學家形象往往讓人覺得科學家都瘋狂而怪異，甚至有征服世界或顛覆世界的野心。

實際上，大部分科學家的行為舉止應該像公務員，在進行研究之餘，也得參加很多無聊的會議，需要討論科學研究進行的方向，需要討論辦公室的茶包需要買幾包、中午便當要訂哪一家。

大部分科學家會有認真、投入與執著的層面，卻也有許多如同常人般的行為舉止。但是新聞媒體卻容易用戲劇化的角度來呈現科學家的形象，讓民眾聚焦在科學家異於常人的性格之上，也因為這些突出的描述，導致一個比較公允與持平的科學家形象不容易在新聞媒體中呈現出來。長時間累積下來，限縮了大家對於科學的參與及想像。

科學事件也可以有戲劇效果

除了「科學家」可以成為媒體戲劇化的題材之外，「科學事件」當然也可以。**即使是數字明確、證據確鑿的科學事件，都可能因為新聞戲劇效果的考量而變調。**

二〇〇二年九月中度颱風「辛樂克」襲臺，它光顧的時間點十分敏感，因為就在前一年差不多時間，「納莉」颱風在北臺灣造成了嚴重的災情，不僅在基隆、汐止、陽明山、南港等地合計下了超過四千公釐的雨量，造成基隆河兩岸嚴重淹水，更造成臺鐵與臺北捷運地下隧道嚴重積水，整個臺北城市陷入了交通黑暗期。民眾苦不堪言，市政府的行政團隊也被叮得滿頭包。

一年之後，來了一個路徑幾乎與納莉颱風一樣，而且規模更大的辛樂克颱風，加上同年十二月就要進行臺北市長選舉，時任臺北市長的馬英九先生正要尋求他的第一次市長連任。這種夾雜著氣候、天災、政治等因素的重大事件，所有媒體都磨刀霍霍，準備看行政團隊如何處理這一次足以左右選情的颱風。

隨著辛樂克颱風逼近，各家媒體像是在報導選舉開票一樣報導颱風可能帶來的雨量。當時氣象局原本預報的最高雨量是苗栗以北山區的七百公釐，但是當天（星期四）下午出刊的《聯合晚報》，新聞標題卻是「辛樂克撞大潮，北部上千公釐雨量」。此篇新聞的標題強調了「上千公釐雨量」的嚴重性，雖然報導內容沒有氣象局的預報數據可以佐證，但是卻讓臺北市政府早早在星期四晚上宣布隔天停班停課。

但是，辛樂克並沒有配合媒體預先擬好的劇本演出，只是輕輕地吹拂過北臺灣。當天臺北的天氣雖稱不上適合闔家出遊，但是斜風細雨，民眾正好在這個天上掉下來的假期中，去逛逛百貨公司或看場電影。雖然面對這類天然災害事件，民眾多有「料敵從寬」或「多一分防範少一分損失」的體認，但是在這次颱風案例中的關鍵意義卻不是如此。

回顧整起事件，最後許多縣市停班停課的決策，其實多起因於媒體對颱風新聞的加油添醋與推波助瀾。氣象局最高的雨量預報是七百公釐，這個數據已經依據前一年納莉颱風的災情，並從寬認定了。但是就有電視臺將七百公釐的數據擅自往上添加，並造成其他電視臺競相仿效，硬生生將氣象局的預報數字從七百加碼到一千公釐。《聯合晚報》就在截稿前看見這一則新聞的預報數據，才在來不及更動內容的狀況下將標題改成「上千公釐雨量」。

事後有媒體記者抱怨：「人家可以報一千，你為什麼不可以？我們長官看到×臺的報導，就打電話來K我。但氣象局明明只有報七百啊，真是氣死人了！」[註4]。實際上，氣象局當天連陸上颱風警報都還沒有發布，就有一堆媒體開始推測颱風會從那裡登陸，暴風圈什麼時候會離開臺灣。甚至有資深氣象主播預測此次颱風將帶來「滔天巨浪」、「樹會連根拔起」[註5]等等，經過一連幾天媒體接力誇大，民眾也開始認為這個颱風會帶來許多災害。

由於媒體對於氣象預報新聞恐怖訴求的操作，使得臺灣民眾放了一天颱風假，多數人或許不以為意，但是該周末，國內光是鐵路業與航空業就各損失一億元，這些社會成本如果是正常防災應變所造成，或許還說得過去，但如果只是因為媒體操作，這些損失就變得十分荒謬。

颱風一個接一個，這樣的戲劇化報導狀況好轉了嗎？看看每次颱風來時，不管風大風小，記者都需要挺往最前線，用誇張的肢體顯示出風強雨大，即使颱風還沒有正式登陸，電視臺就紛紛出動SNG車到各地的海邊去擷取災害畫面，究竟希望記者拍到什麼畫面呢？所以小記者因為在路邊的畫面不夠激烈，只好繼續往海邊靠近，最好讓浪花打在自己身上，那種畫面驚悚的程度比較符合派出一輛SNG車所需的成本。

戲劇效果的成因

連科學都無法逃離媒體的戲劇效果，這可以說明一般民眾有多麼喜好此道。科學新聞會被如此製作，牽涉到民眾、科學事件、社會氛圍及媒體之間的各種雙向互動，媒體在報導科學新聞時同樣會考慮民眾的喜好以及社會的氣氛，最後擷取這些因素的最大公約數。**當民眾對於這些光怪陸離的科學新聞習以為常、過度寬容，也難怪這些新聞此起彼落了。**

例如，有一年廣電基金會舉辦的「年度十大烏龍新聞」選拔，就發現有記者竟然蹲坐在水裡面報導豪雨淹水的新聞，只見記者與攝影大哥在一旁喬出最佳位置（避開仍清晰可見的馬路雙黃線），等一切就緒，攝影機一開拍，記者就順勢蹲坐在水中。這一幕可以解釋許多人印象中大雨淹水，記者採訪所到之處為什麼多半「水深及胸」。

當我們對這樣的新聞渲染手法習以為常，電視臺當然會投其所好、紛紛效尤，畢竟誰會與收視率所換算的銀子過不去呢？

當大眾、媒體都習慣這種操作方式之後，連整體社會氣氛及習慣都會自

然地向它靠攏，甚至連公部門都以為這是適當的操作方式。例如，二〇一二年的十二月二十一日，盛傳是古馬雅文明中所預測的世界末日。世界末日的題材在什麼年代都曾有過，它的神祕色彩也總是讓人充滿了窺視的樂趣。臺中科博館就為此策畫了「浩劫與重生」的特展，名義上帶領民眾透過馬雅文化和曆法主題的環景劇場節目，來揭開末日預言之謎，但是最受矚目的是在科博館所搭建的巨型「馬雅神殿」，以及大家共同倒數、放彩帶、迎接新生的活動。

這場「末日嘉年華」結合了電信業者、媒體、文教基金會、地方政府，他們共同營造了絕佳的宣傳場景，成功地創造了話題，實在不得不佩服主辦單位背後行銷企畫的功力。

但是回神仔細想想，用科學知識來破解這樣的議題，是不是「殺雞用牛刀」呢？真的需要花大錢搭建巨型神殿，只為了告訴大家「科學」可以破除這個神殿所預測的事情嗎？還是根本著眼在戲劇化的操作背後所帶來的行銷效果呢？更重要的是，參與或看見新聞報導的民眾，最後留在他們印象中的是「科學破解迷思」？還是「末日神殿的壯觀」及「倒數計時的快感」？

在民眾、媒體及社會氣氛的交互作用下，媒體的戲劇效果依然可以在科學新聞上暢行無阻，不論是科學家的故事或是科學事件都可能在媒體的操作下模糊焦點。就像找餐廳一樣，炫麗奪目的霓虹燈、穿戴時尚的服務生都是引起我們注目的元素，但是我們要提醒自己，最後留在印象中的滋味，依然是看似平常卻清甜回甘的原汁高湯。

對於一般民眾來說，最好有一把可以過濾雜質的眼鏡，為大家去除這些無謂的戲劇效果，回歸科學的純色。

新聞放大鏡

1. 只要有數據的科學新聞就正確無誤嗎？數據可能假造或被渲染嗎？
2. 雖然科學新聞向來給人剛正不阿的感覺，但是媒體戲劇化的操作手法會不會染指科學新聞？
3. 許多以科學所包裝的活動，是娛樂還是科學？

註釋：

註1：義大利物理學家Regge在評論楊振寧與李政道因為論文掛名問題而決裂的問題時，曾指出「楊振寧幾乎已經有了愛因斯坦的地位，又何必還在乎這種事情呢？」（詳細故事可以參閱江才健所著《楊振寧傳》）

註2：普林斯頓高等研究院是一個不受任何教學任務及科學研究經費限制所影響的研究機構，被延攬至裡面的科學家不需要擔負這些「凡人」的俗務，只要好好思考，為人類創造知識就是最大的職責，是許多研究者夢寐以求的地方。愛因斯坦就是高研院的鎮院之寶，與楊振寧及李政道都有工作上的接觸，他最後的餘生都在這個地方度過。

註3：《科學怪人》(Frankenstein)是瑪莉．雪萊所寫下的西方第一部科幻小說，故事主要在描述一位瘋狂科學家一心想要打造一個完美人類的過程。小說中描述科學家從墳場挖出屍塊，以專業知識將之拼成人形，最後通過電擊來賦予生命。但不久之後，科學家便發現他造了一個自己都無法駕馭的怪物，於是發生一場場衝突，最終以悲劇收場。

註4：〈辛樂克媒體戰口水多過雨水〉（《中國時報》，91.9.8）。

註5：〈氣象不準誰的錯？〉（《星報》，91.9.8）。

後記

乘著新聞，讓科學帶你去旅行

「科學太重要，不能只留給科學家處理。」註1

這句話是一位著名的科學歷史學者，在一本探討科技對於社會發生影響的期刊發刊詞上的一段話。我第一次在課堂上提及此概念時，只見學生們個個瞬大了眼睛，用狐疑的眼神望著我，那種眼神暗示著：「不留給科學家，難不成留給我們處理嗎？」也許就是這些驚懼的神情，開啟了我對這本書的構想。科學真的跟一群不靠科學或科技知識謀生活的人無關嗎？

科學有多近？

科學距離我們很近。

在這個科技發達的社會中，報紙、網路、電視充斥著我們有點懂又不太懂的科技詞彙，例如，奈米、量子、左旋C、脈衝光等學校中不一定教過的東西。舉凡吃的、穿的、住的、用的，幾乎沒有一樣與科學及科技無關的發展。

但是瞭解這些事情及知識重要嗎？有趣嗎？我們的教育體制，把科學與考試緊緊綁住，因此消耗了我們對科學的好奇心，也讓許多人對科學倒盡胃口。

有人認為，即使懂了各種科學原理，微波爐壞了，還不是只能送回原公司維修？要生活過得順利且愉快，只要學會壓壓遙控器上的按鈕、在google搜尋器下個好關鍵字、在臉書上隨興按個讚，不用牛頓三大運動定律、不用愛因斯坦的相對論，有什麼事情做不成呢？

如果這樣想，真的小看了科學對於人類生活的滲透。

在這個什麼事都跟科技脫不了關係的時代，科學早已經融入我們的生活態度及思考模式，只是我們沒有發覺罷了。例如，通訊科技產品的使用，讓我們開發並習慣了一種新的「行為」，眼睛盯著螢幕、手不停滑動、偶而驚喜、偶而竊笑、面對面卻隔著手機傳簡訊……。當我發覺大學生上課時會不自覺去觸動手機（不是因為對老師不敬，而是克制不了）、好友聚會需要先集中保管手機以避免干擾，深深覺得科技對於人們的宰制已經超乎大家的想像。

再務實一點看看我們食衣住行遭遇的問題，就會發覺人類監控與制約科技的能力已經遠遠不如科技進展的能力。

我們被迫在資訊不完整、不成熟的狀況下，決定要不要吃食品添加劑、基因改造食品、人工香精。科技衍生的風險型態遠遠超出我們可以預想的範圍，但我們卻得決定要不要接受石化工業、核能發電、複製科技。各式各樣、大大小小的「科技抉擇」充斥在生活的每個環節及角落，從決定嬰兒的尿布、奶瓶、沐浴乳開始，之後的指甲油、化妝品、配眼鏡、做牙齒，到手術臺、特效藥、骨灰罈，無一不與科技相關。

如果這些議題都太嚴肅，我們來看看科技在娛樂或文化的痕跡。

五年級或六年級的讀者，一定都很懷念一部美國影集《百戰天龍》註2，他的主角馬蓋先具有深厚的物理及化學知識，是少數不帶槍的美國英雄，只靠一把瑞士刀及過人的智慧，用身邊不起眼的物品結合科學知識來解決困難。這部影集引起了風潮，證明靠著科學知識的內涵可以賺錢，可以娛樂大眾。韓國《大長今》中的各種食材及醫學知識、日本《神探伽利略》的科學辦案，就連中國《後宮甄嬛傳》中的滴血認親橋段都有科學的意涵。

科學可以很靠近我們的生活，近到可以作為娛樂與文化創作的題材。只可惜別人都已經演到「上太空」了，我們最受歡迎的鄉土劇卻還在「殺豬公」。

科學有多遠？

科學距離我們很遠。

雖然科學無所不在，但是一些結構性因素卻又讓我們跟科學漸行漸遠，例如，教育體制。假設有一道考題：「下列對於科學教育所提供之服務的描述何者為真？」，選項分別是A：為保證貨品新鮮美味，僅限店內使用；B：貨品一經售出，概不負責；C：不含防腐劑，常溫下勿置放太久；D：以上皆是。我們該怎麼回答呢？

這個答案可以很容易，也可以很困難。我們的科學教育內涵常常在教室內講得漂亮，但一出了教室就不一定適合，是一種「僅限店內使用」的知識。由於升學主義的幽靈盤據，「考試」往往被賦予社會篩選的功能，因此當完成階段性任務後，往後的終身學習及永續經營常常不是我們教育售後服務的主要考量。「帶得走的能力」常只是一種想望。習慣填鴨式的教學與學習型態，使我們的學生擅長解決一些邊界條件界定清楚的問題（有正確答案的問題），但對於最接近「常溫」的真實場域問題卻往往顯得束手無策。這些制度設計，拉遠了民眾與科學的距離。

此外，我們學科分流過早的教育設計，也明顯把人硬生生拆成科學與人文分離的兩個陣營。自然組的同學早早就放棄了人文方面的學習，社會人文組的同學也早早放棄了科學。於是自然組的同學進入科技業，創造不出兼具人文內涵的科技產品，讓我們的科技產業精於代工，卻拙於品牌開創；擅長生產「便宜又大碗」的科技功能，卻缺乏洗鍊的美感。

在社會人文組方面，我們培養出缺乏科學涵養的新聞從業人員、法律人員、民嘴、民意代表、政治人物……。所以科學有多遠呢？遠到甚至我們第一線決定科技政策走向、分配科學經費的官僚、為我們引介最新科學知識的記者，可能都不熟悉科學。

如果科學新聞可以……

科學與民眾若即若離的微妙關係，需要透過製造相處機會來培養感情，而隨手可得的科學新聞無疑是最佳媒介。

本書的內容道盡了臺灣科學新聞的各種陷阱及缺失，就像分析了一箱潘朵拉盒子中的壞成分一樣，但是真正要成事又不能不靠它的好成分。所以我們期待的是，儘量把這些壞成分改良成好成分。因此，科學新聞的製作應該朝著三階段的目標去努力：

科學新聞三階段努力目標

1 正確 → 2 普及 → 3 反思

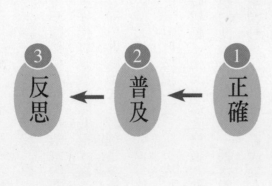

1. 能正確

不管如何，總要先能夠不把別人的東西講錯吧！如果是故意製造新聞，那也就算了，如果很努力想要講得正確，卻還是講得七零八落，那才是最關鍵的問題。這些難題不專屬臺灣，即便是西方的科學家、評論者及媒體研究者，也同樣批評他們的報紙、廣播及電視等大眾媒體對於科學報導的品質不佳。

就臺灣媒體的大環境來看，情況更是艱鉅。由於媒體大環境式微導致的惡性競爭，幾乎容納不了真正專業的科學記者。在這種背景下製作的科學新聞常被認定「忽略科學事實」、「側重非科學性報導」、「泛政治化」、「缺乏科技內容」。甚至在大量仰賴編譯國外進口科學新聞的狀況下，在編譯過程中發生多重扭曲的問題，也幾乎毫無反省地擁抱國外移植的科學新聞。

如果科學傳播工作者所肩負的工作就是為科學講一個吸引人的故事，那麼前提應該要先能說一個「沒有誤解科學」的故事。

2. 能普及

能夠用簡單、有趣、吸引人的方式來報導科學知識，這個難度當然更高，如果沒有融會貫通，就不可能輕鬆寫出引人入勝的科學報導。我們目前的科學新聞很少有讓人眼睛為之一亮的文章，多數只是在妝點門面的需求下，聊備一格的報導。

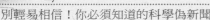

科學新聞最需要雅俗共賞，文章的用詞要簡白、題材要切近生活、評論要能勾起經驗的共鳴。想達到這樣的層次當然需要給予一個長期練兵的基地，國外的幾個重要大報，幾乎都有完整的科技版（science and technology），孕育出資深的科技記者，這一點，臺灣媒體還有很長遠的路要走。

3. 能反思

進入廿一世紀，除了科技帶來的進步象徵之外，我們更面對許多科學發展所引發的爭議。這些爭議最終如何協商、處理與安置，不僅是科技社會最大的挑戰，更是整體公民社會成熟與否的核心象徵。

在臺灣，這種科技爭議與日遽增，包括核能電廠興建、電磁波基地臺、工業汙染等社會風險議題；或者，未來複製科技、奈米科技、數位通訊、能源開發等可能衝擊既有社會規範的議題。

這些爭議所凸顯的，是我們需要嚴肅反省科技發展對於生活所產生的副作用或是負作用。因此，**一個具有反思性的科學新聞報導，必須能夠協助民眾對於科學的效果、影響及限制有全面的思考與再建構**。

面對這些複雜的科技爭議，目前臺灣媒體多僅停留在一種「兩極化」的表現，不是極度「推崇科學」的科學教育取向，就是極度「反科學」的社會運動取向。前者崇拜科學的客觀中立，後者則幾乎逢科技發展必反。

如果科學新聞要達到「能反思」的理想，記者需要具備的就不只是對於科學知識的瞭解，更需要掌握科學活動背後的方法、邏輯及哲學。這樣的境界當然不容易達到，即便在歐美，擁有這樣水平的文章都是萬中選一的好報導。

乘著科學新聞去旅行

我們身處在一個科學乎遠乎近，看似豐富實則貧瘠的年代。我們可以簡單問自己：「日常生活中我們談科學嗎？」就可以瞭解科學與我們生活融合的程度。而因為考試領導教學讓人對科學倒胃口的緣故，應該你會碰到更多疑問，諸如：「DNA，蛤」、「量子力學，蛤」、「夸克，蛤」、「奈米，應該跟池上米很像吧」。

想讓科學在常民生活中生根，並進而開啟與社會世界的對話，是很有挑戰性的一件工作。以前就有科學教育學者主張，**真正的「學習科學」就是在學習「談科學」(talking science)** 註3，也就是不管在讀、寫、推理、解題、生活中，都可以用科學的語言來進行溝通或表達。「能談」就代表科學成為你生活中的一部分，不管談得順不順、好不好、對不對；如果「不能談」，科學就只是你生命中的過客，生不帶來死不去，哪怕你指考矇了高分。

我們可以檢視庶民生活的流行文化中，是否有科學的痕跡。例如，歌手將科技議題寫進歌詞嗎？偶像劇的帥氣主角是科學家嗎？街頭藝人在展演科學魔術嗎？電影的故事背景是科學博物館嗎？回顧這些問題，可以很快丈量出科學與我們的「真實距離」。

雖然前面問題的答案都不是很樂觀，但是這個時代是有利基做些改變的。例如，「英國皇家學會」在八〇年代，就曾透過大規模「公眾科學理解」的調查，試圖從中找到挽回民眾對於科學信心及信任的方法。此外，「美國國家科學會」或是「英國皇家學會」，均曾在正式的發表中，鼓勵科學家主動對民眾進行相關科學計畫的說明及溝通。從這些舉動可以看出民眾拿回了科學的許多控制權，科學單位開始需要把「說服民眾」當作是一件重要的事情來看待。

瞭解世界，你不得不透過媒體，但是偏偏媒體又扮演一個不是很稱職的角色，這是臺灣推動科學傳播工作的特殊困難，尤其我們所談論的科學又有許多「舶來品科學」。

我曾在閱讀有關「無線電」發明及推廣的故事中，瞭解當時建構這些科學工具的人，如何從生活中產生好奇，並進一步設計、建造，甚至行銷自己的科學發明。當年「英國皇家研究院」提供許多科學家展示自己研究發現的場合，著名的「星期五科學講演」講座，紀錄了許多科學發展的關鍵演進過程。

當西方世界的人們都習慣了這些故事，以及這些故事背後所需要歷經的過程，科學就可以順理成章駐紮在大家的生活中。但是對於臺灣的民眾而言，科學仍像一個從天而降的「神奇物」，彷彿「咚」一聲就掉下來，而我們只能點頭稱是。

臺灣科學新聞的不完美，有時讓人搥胸頓足、有時讓人啼笑皆非，但它卻是我們在這個紛亂的科技社會中，能夠接觸科學最直接、最方便的管道。雖然它同時帶給我們正確或是錯誤的訊息，但**民眾也應該開始調整心態，讓自己像是生活中的柯南，用「偵探」精神來面對這些多樣的科學報導**。

因此，在媒體中看見醫生或名人談論某些科技產品或新知時，在接受之前，可以先有這樣的念頭：這一個訊息是怎麼來的？為什麼記者知道要採訪他？醫生或科學家為什麼願意接受採訪？這是一則廣告、新聞、記者會，還是置入性行銷？如何從其他管道找尋或校正相關的訊息？

再例如，看見一則工業開發案的文本時，在急著針對內容討論其合理性之前，可以懷疑這個報導或廣告是誰出資刊登的？他的意圖應該是什麼？如果換一個單位來刊登，它的內容可能有什麼不同？

如果讀者對於媒體中出現的科學議題，可以多一點「停格」，再多一點想像與自問自答，就多了一點正確判斷的可能。希望這本書提供大家一把偵探用的放大鏡，握著它，讓我們乘著新聞，將科學帶進生活。

註釋：

註1：出處：傅大為，《科技、醫療與社會》期刊的發刊詞。

註2：這部影集從一九八五年九月在美國廣播公司電視網播出，全劇共有七季一百三十九集。最初於一九八六年在臺灣首播，造成轟動並掀起馬蓋先熱浪。

註3：Lemke, J. L.（1990）.Talking science: Language, learning, and values.Norwood, NJ: Ablex.

Knowledge 004

別輕易相信！你必須知道的科學偽新聞

作　者——黃俊儒
主　編——顏少鵬
責任編輯——麥淑儀
責任企畫——張育瑄
美術設計——葉鈺貞
總 編 輯——李采洪
董 事 長——趙政岷
出 版 者——時報文化出版企業股份有限公司
一〇八〇一九　臺北市和平西路三段二四〇號三樓
發行專線——（〇二）二三〇六—六八四二
讀者服務專線——〇八〇〇—二三一—七〇五・（〇二）二三〇四—七一〇三
讀者服務傳真——（〇二）二三〇四—六八五八
郵　撥——一九三四—四七二四時報文化出版公司
信　箱——一〇八九九臺北華江橋郵局第九九信箱
時報悅讀網——www.readingtimes.com.tw
電子郵件信箱——newstudy@readingtimes.com.tw
時報出版愛讀者粉絲團——http://www.facebook.com/readingtimes.2
法律顧問——理律法律事務所 陳長文律師、李念祖律師
印　刷——盈昌印刷有限公司
初版一刷——二〇一四年二月十四日
初版七刷——二〇二一年一月二十一日
定　價——新臺幣二四〇元

時報文化出版公司成立於一九七五年，
並於一九九九年股票上櫃公開發行，於二〇〇八年脫離中時集團非屬旺中，
以「尊重智慧與創意的文化事業」為信念。

別輕易相信！你必須知道的科學偽新聞
／黃俊儒作. --
初版. -- 臺北市：時報文化, 2014.02
面；　公分. -- (Knowledge ; 4)

ISBN 978-957-13-5905-2（平裝）
1.科學　2.新聞報導

307　　103001389

ISBN 978-957-13-5905-2
Printed in Taiwan